国家自然科学基金青年科学基金项目
国 家 自 然 科 学 基 金 重 点 项 目 资助

大别造山带早白垩世富集地幔特征与减薄机制

DABIE ZAOSHANDAI ZAOBAIESHI FUJI DIMAN TEZHENG YU JIANBAO JIZHI

张金阳 马昌前 编著

图书在版编目(CIP)数据

大别造山带早白垩世富集地幔特征与减薄机制/张金阳,马昌前编著. —武汉:中国地质大学出版社,2016.11

ISBN 978-7-5625-3910-0

Ⅰ.①大…
Ⅱ.①张…②马…
Ⅲ.①大别山-造山带-早白垩世-富集-地幔-研究
Ⅳ.①P544

中国版本图书馆CIP数据核字(2016)第263971号

大别造山带早白垩世富集地幔特征与减薄机制		张金阳　马昌前　编著
责任编辑:党梅梅		责任校对:周　旭
出版发行:中国地质大学出版社(武汉市洪山区鲁磨路388号)		邮政编码:430074
电　话:(027)67883511	传真:67883580	E-mail:cbb @ cug.edu.cn
经　销:全国新华书店		http://www.cugp.cug.edu.cn
开本:787mm×1092mm　1/16		字数:144千字　印张:5.625
版次:2016年11月第1版		印次:2016年11月第1次印刷
印刷:武汉市籍缘印刷厂		印数:1—500册
ISBN 978-7-5625-3910-0		定价:38.00元

如有印装质量问题请与印刷厂联系调换

前言

大别造山带位于中国中东部，由于发育三叠纪高压-超高压变质岩而举世瞩目，至早白垩世时，大别造山带又发育了一套镁铁质-超镁铁质杂岩。以这些镁铁质-超镁铁质杂岩体的微量元素和同位素为主要依据，前人认为同化混染在这些杂岩体形成过程中不起重要作用，从而认为大别造山带在早白垩世时存在比经典的Ⅰ型富集地幔还富集的异常富集地幔，并且认为该异常富集地幔与三叠纪扬子陆壳的深俯冲作用或早白垩世时榴辉岩质下地壳的拆沉作用相关。

然而，在针对大别造山带早白垩世镁铁质-超镁铁质杂岩体开展详细的野外地质调查时，我们发现，这些杂岩体内各种岩石类型普遍呈环状产出，通常以辉石岩为中心，向外依次发育辉长岩、淡色辉长岩、二长岩。这种特征表明，这些杂岩体经历了充分的分离结晶作用，而且实验岩石学研究表明，辉石岩通常结晶于下地壳较深的部位，在这种温度和压力条件下发生分离结晶而没有同时发生同化混染作用，这是难以令人信服的。基于此，我们在国家自然科学基金青年科学基金和国家自然科学基金重点项目的支持下，在详细的野外地质调查和室内岩相学研究的基础上，选择了出露条件较好的小河口杂岩体为研究对象，开展了矿物化学和岩石地球化学调查，查明分离结晶与同化混染作用在岩体形成过程中的作用，厘定岩浆源区特征，在此基础上，利用早白垩世不同时代的基性岩石，示踪岩石圈厚度的变化，揭示岩石圈地幔减薄的幅度和机制。

本次研究主要结论是：①小河口杂岩体的母岩浆来自与Ⅰ型富集地幔类似的富集地幔，母岩浆在地壳不同层次经历了充分的分离结晶与同化混染，没有必要引入比Ⅰ型富集地幔更富集的富集地幔来解释小河口杂岩体的地球化学特征；②岩石圈减薄作用发生于115～125Ma之间，约在10Ma之内减薄了约20km，这可以用地壳根及下部岩石圈地幔的拆沉作用来解释。由于大别造山带与华北克拉通的早白垩世岩浆作用非常类似，因此该研究成果对于华北克拉通早白垩世岩石圈地幔的属性和减薄有很大的借鉴意义。

本书是编著者在博士论文《大别山晚中生代基性岩石成因及岩石圈地幔属性》、发表于《Journal of the Geological Society》和《Lithos》的两篇学术论文以及未发表数据的基础上编写而成的，研究工作得到了国家自然科学基金青年科学基金项目“大别山晚中生代基性岩源区变化与岩石圈地幔转换”及国家自然科学基金重点项目“大别造山带中生代侵入岩类成因、岩浆动力学与构造体制转换”的资助。该书最终顺利出版得益于国家自然科学基金面上项目“东昆仑造山带东部典型高镁中酸性侵入岩成因机制及构造意义研究”的支持。

由于编著者水平有限，对国内外最新研究成果的理解可能还不够深入，对科学问题的认识也不够全面，在内容和章节编排方面难免存在不足，衷心欢迎广大学者批评指正。

编著者

2016年7月

目录

第一章　绪　论

第一节　大别山早白垩世富集岩石圈地幔的特征及成因

在大别造山带，晚三叠世扬子大陆深俯冲作用曾受到广泛关注。随着研究工作的不断深入，对位于大别造山带东北部椒子岩、祝家铺等镁铁质-超镁铁质岩体也开展了相应的地球化学和年代学研究工作，研究程度很高，这些成果为后来的研究提供了可靠的数据和坚实的基础。

由于缺少可靠的同位素测年及地球化学数据，早期的成果认为这些镁铁质-超镁铁质岩体是蛇绿岩或是俯冲的特提斯大洋岩石圈的组成部分，或是早古生代弧杂岩的组成部分（刘庆等，2005），或是晚三叠世同碰撞型岩体（李曙光等，1989；聂永红等，1997；聂永红等，1998）。随着定年技术的发展和地球化学数据的不断积累，近年来的研究成果已否认这些认识，证实这些镁铁质-超镁铁质岩体形成于早白垩世，锆石 U－Pb 年龄介于 125～130Ma 之间，相对富集不相容元素，Sr－Nd－Hf 同位素特别富集，初始 Sr 同位素比值可高达 0.711 25，Nd 同位素的 $\varepsilon_{Nd}(t)$ 值可低至－18.9，Hf 同位素的 $\varepsilon_{Hf}(t)$ 值低至－29.1，初始 Pb 同位素比值很低，与北大别地体相同，$^{206}Pb/^{204}Pb$ 比值介于 16.1～17.0 之间，$^{207}Pb/^{204}Pb$ 比值介于 15.2～15.4 之间，$^{208}Pb/^{204}Pb$ 比值介于 36.7～37.6 之间。基于这些基本事实，形成了以下一些代表性的观点：这些镁铁质-超镁铁质岩体起源于被深俯冲陆壳析出流体交代了的楔形地幔（李曙光等，1997，1998），或者起源于深俯冲扬子古老地壳与软流圈地幔反应形成的交代地幔（Jahn et al，1999），最近的研究者认为它们的源区是地球化学上不均一的造山型陆下岩石圈地幔，这种地幔形成于俯冲陆壳内不同层次岩石部分熔融形成的含水硅酸盐熔体与上覆陆下岩石圈地幔橄榄岩的反应（Huang et al，2007；Dai et al，2011，2012；Zhao et al，2011）。很明显，这些研究均否认地壳同化混染在岩浆演化过程中对微量元素及同位素的重要贡献，认为岩浆源区控制了岩石的地球化学特征。基于对早白垩世火山岩及基性岩脉的研究，部分学者认为早白垩世富集地幔是由拆沉榴辉岩质下地壳与地幔相互作用导致的（Wang et al，2007；Xu et al，2012a）。所有这些研究工作都承认大别山在早白垩世存在超级富集的岩石圈地幔，该超级富集地幔的形成与三叠纪大陆深俯冲作用或是早白垩世的拆沉作用密切相关。

上述前人的研究主要聚焦在镁铁质-超镁铁质岩上，研究成果主要集中在对其形成时代和源区富集机制的讨论上，目前仍然存在以下科学问题：

（1）野外调研表明，大别山镁铁质-超镁铁质岩体由中心向边部出露岩石依次为辉石岩、辉长岩、角闪辉长岩（主要矿物为角闪石＋斜长石组合）、黑云母辉长闪长岩、黑云母闪长岩或黑云母二长岩，岩体内部可见花岗岩脉、辉绿玢岩脉，该套岩石组合间的接触关系和侵位次序还不清楚，整套岩石成因和演化研究还亟待加强。

(2)富集岩石圈地幔的特征。过去近三十多年基于大洋玄武岩的研究成果毫无争议地表明，全球岩石圈地幔是高度不均一的，并且区分出了几个基本的岩石圈地幔端元，即亏损地幔、富集地幔Ⅰ、富集地幔Ⅱ以及高 U/Pb 比值地幔，其中富集地幔Ⅰ的 $^{87}Sr/^{86}Sr$ 比值约为 0.706，$^{143}Nd/^{144}Nd$ 比值约为 0.5121，富集地幔Ⅱ的 $^{87}Sr/^{86}Sr$ 比值约为 0.711，$^{143}Nd/^{144}Nd$ 比值约为 0.5123(Hofmann，1997)。明显可以看出，这些标准地幔端元的富集程度远低于大别山早白垩世岩石圈地幔。因此，大别山早白垩世镁铁质-超镁铁质杂岩体的同位素特征是否直接受控于岩石圈地幔就值得商榷，岩浆演化过程中的同化混染是否对同位素产生影响值得进一步评价。

(3)富集岩石圈地幔的形成机制。大别山乃至中国东部中生代构造体制发生了重大变化，经历了从早中生代特提斯构造域向新生代太平洋构造域的转变，大别山中生代晚期岩浆岩的形成正处于这种构造体制的转换当中。扬子克拉通在三叠纪深俯冲于华北克拉通之下，形成了大别山-苏鲁超高压变质带，大别造山带和华北克拉通中生代岩浆活动，可能是由于扬子克拉通和华北克拉通碰撞及它们之间的大陆深俯冲引起华北大陆岩石圈整体性扰动及原有平衡结构的破坏和重组的缘故。由于深俯冲的扬子大陆地壳同软流圈地幔相互作用形成交代地幔(富集地幔)，后者在新的热事件影响下发生部分熔融形成华北广泛分布的基性侵入岩与火山岩，同一热事件诱发了地壳部分熔融形成大规模的花岗岩(Jahn et al，1999)。古太平洋板块自早侏罗世沿亚欧板块边缘向 N 或 NNW 或 NE 方向运动，运动速率约为 107mm/a，至晚侏罗世，古太平洋板块呈 NNW 或 NW 方向向亚欧板块俯冲，俯冲速率变化较大，在 38～300mm/a 之间，并且在早白垩世时俯冲速率增高达 200mm/a，至晚白垩世时，古太平洋板块的俯冲可能停止(王强等，2005)。中国东部中生代岩浆岩形成的地球动力学背景也有可能主要受控于古太平洋板块向欧亚板块的俯冲作用，相关的理论模型主要有：软流体振荡作用(马昌前，1995)、俯冲带后撤(石耀霖等，2004)以及远距离俯冲及弧后伸展(Chen et al，2004)等。

在大别山，扬子克拉通在三叠纪深俯冲于华北克拉通之下并发生高压-超高压变质作用，随后高压-超高压变质岩的快速折返形成了大别山-苏鲁高压-超高压变质带。随着岩石圈的逐步减薄，早白垩世岩浆大爆发，形成了大面积的花岗岩基、火山岩、少量镁铁质-超镁铁质岩和各类岩脉。大别山晚中生代晚期岩浆岩的成因，与上述中生代构造体制的转换有关。然而是属于某一种构造域的影响，还是属于它们共同作用的产物，就值得深入研究与探讨。大别山花岗岩及镁铁质-超镁铁质岩形成时代与碰撞造山时代相隔约 100Ma，与经典的造山带相比间隔时间偏长，岩石特征、形成时代与华北克拉通广泛发育的早白垩世岩浆岩明显相关，整体上又与从特提斯构造域向太平洋构造域转换的地球动力学背景相关联，因而需把大别山镁铁质-超镁铁质岩纳入华北克拉通中生代岩浆岩的整体范围内，并考虑不同构造域的影响才可能得出正确的判断。

第二节　大别山早白垩世富集岩石地幔的减薄机制

基性岩源区的识别目前主要有两种方法：一是通过基性岩地球化学特征的研究示踪源区；二是通过基性岩与地幔岩部分熔融生成熔体的对比来判别源区。上地幔由岩石圈地幔和软流圈地幔组成，是基性岩浆的主要源区，源于岩石圈地幔和软流圈地幔的熔体具有明显不同的微量元素(Mckenzie et al,1991;吴昌志等,2004;周金城等,2005)和 Sr-Nd-Pb-Hf 同位素特征。岩石圈地幔厚度的变化对源自软流圈地幔熔体的成分会造成很大影响(Ellam,1992)。岩石圈地幔自上而下可划分为三个相:斜长石二辉橄榄岩相、尖晶石二辉橄榄岩相和石榴子石二辉橄榄岩相，相变深度分别在约 30km 和 60～80km 深处(Kerr,1994)。在较厚的、难熔的大陆岩石圈地幔上部斜长石二辉橄榄岩相稳定区域内没有熔体生成(Kerr,1994)，在尖晶石和石榴子石二辉橄榄岩相稳定区域内生成的熔体具有明显的区别，前者重稀土元素呈平坦的配分模式，后者重稀土元素呈亏损的配分模式(Kerr,1994;Thompson et al,1994;Shaw et al,2003)。二辉橄榄岩实验岩石学成果证实，在干体系中，拉斑玄武岩浆起源于地幔较浅位置(<1.5GPa)、经较高程度部分熔融形成，随着压力的变化分别与斜长石和尖晶石二辉橄榄岩相平衡，碱性玄武岩浆起源于地幔较深位置(1.5～2.5GPa)、经较低程度部分熔融形成，与尖晶石二辉橄榄岩相平衡，碱性苦橄岩浆在压力约为 3GPa 时形成，与石榴子石二辉橄榄岩相平衡(Takahashi et al,1983);在含水体系中，在 1GPa 和较低的温度时，部分熔融生成的高镁安山岩与尖晶石二辉橄榄岩相平衡，在温度大于 1200℃时，含水体系中生成的熔体和干体系中生成的熔体成分相当(Hirose,1997;Conceicao et al,2004)。

如果软流圈地幔上升、岩石圈地幔减薄和镁铁质岩浆作用是同时的，随着伸展作用的继续，岩浆源区可能从岩石圈地幔变为软流圈地幔，岩浆源区的这种变化可以用与这些事件对应的镁铁质岩浆的主量元素、微量元素以及 Sr-Nd 同位素来示踪(Daley et al,1992;Kerr,1994;Depaolo et al,2000;Gibson et al,2010)。低程度部分熔融和高压条件下，地幔橄榄岩部分熔融产生的岩浆一般含有标准矿物霞石，低压条件下高程度的部分熔融产生的岩浆普遍含有斜方辉石和石英标准矿物，因此，拉斑玄武岩浆的源区就浅于碱性玄武岩浆的源区，两者的源区之间存在一个过渡带(深度范围)。一般来讲，具有岩石圈同位素特征的拉斑玄武岩的发育说明该区岩石圈厚度大于碱性-拉斑玄武岩源区过渡带，具有软流圈同位素特征的拉斑玄武岩或碱性玄武岩的发育说明该区岩石圈厚度小于碱性-拉斑玄武岩源区过渡带，具有软流圈与岩石圈混合同位素特征的碱性玄武岩的发育说明该区岩石圈厚度相当于碱性玄武岩源区的深度，具有岩石圈同位素特征的碱性玄武岩的发育说明该区岩石圈厚度大于碱性玄武岩源区的深度(Daley et al,1992;Depaolo et al,2000)。因此，利用持续活动的镁铁质岩浆岩就可以确定岩石圈厚度的变化。

根据上地幔物质组成结构，结合基性岩地球化学特征和地幔岩实验岩石学研究成果，就可以获得基性岩源区的相对深度(Thompson et al,1994)。因此，可以将基性岩作为研究深部地幔的探针，示踪地幔深部信息，进而利用不同时代的基性岩来认识地幔深部组成和结构的变化过程。例如，北大西洋地区古新世玄武岩地球化学特征研究证实，从早至晚期玄武岩不相容元素逐渐变得亏损。实验岩石学比较研究表明，早期玄武岩源区为石榴子石二辉橄榄岩相稳定区域，晚期玄武岩源区为尖晶石二辉橄榄岩相稳定区域，说明在软流圈物质作用下岩石源区有不断变浅的过程，揭示了岩石圈减薄的转换过程(Kerr,1994)。美国西部盆岭省拉斯维加斯附近主要伸展作用发生于 16～5Ma，中新世晚期自 16～4.6Ma 形成的碱性玄武岩 $\varepsilon_{Nd}(t)$ 值自 −9.1变化至 6.4，10～6Ma 形成的拉斑玄武岩 $\varepsilon_{Nd}(t)$ 值在 −10.1 与 −7.9 之间变化，结合实验岩石学成果，说明岩浆生成的深度随时间发生变化，伸展早期岩石圈发生一定程度的减薄，软流圈与岩石圈地幔相互作用较为强烈，伸展晚期岩石圈厚度变化不显著，软流圈与岩石圈地幔相互作用不明显(Daley et al,1992)。在南极洲 Jason 半岛,同位素特征表明,早侏罗世玄武岩来自岩石圈地幔,早白垩世基性岩脉来自亏损软流圈地幔,说明早侏罗世至早白垩世期间岩石圈发生了减薄的转换过程(Riley et al,2003)。我国华北克拉通及南缘早白垩世时普遍出露的各种基性岩来源于富集岩石圈地幔(Zhang et al,2004;周新华等,2005;张宏福等,2005;周新华,2006),至 100Ma 喷出的碱锅玄武岩(张宏福等,2003)、74Ma 喷出的胶莱盆地玄武岩(闫峻等,2003)则来源于亏损软流圈地幔,说明此时岩石圈地幔减薄转换已经基本完成。以上裂谷环境(北大西洋地区)、构造活动环境(美国盆岭地区)和克拉通环境(华北地区和南极洲地区)的研究实例说明,结合基性岩地球化学特征与地幔岩实验岩石学成果来示踪基性岩源区的研究方法是成熟的。

大陆岩石圈地幔的热结构、物质组成、物理性质及其形成、变化机制是地质学家持续关注的问题(Rudnick et al,1998;Artemieva et al,2002;Cooper et al,2004)。冷而厚的大陆岩石圈地幔自形成以后通常长期保持稳定(De Smet et al,1999),如果有深部来源热或物质作用,大陆岩石圈地幔会失稳、减薄(Menzies et al,2007;Niu et al,2007),尤其是厚度较大的大陆岩石圈地幔(Morency et al,2002)。目前,大陆岩石圈地幔减薄转换研究内容主要集中在以下几个方面:

(1)减薄转换的时间。确定大陆岩石圈地幔的形成时代目前还是一个难题,现有大陆岩石圈地幔 Re-Os 定年方法还有很大局限性(支霞臣,1999),大陆岩石圈地幔减薄转换的时间通过间接方法获得。一般情况下,岩石圈地幔大规模的失稳、减薄往往伴随着软流圈地幔上涌、壳幔内大规模部分熔融和岩石圈地幔整体伸展,因此,可用巨量岩浆活动的时间来间接制约大陆岩石圈地幔减薄的时间(Wu et al,2005)。

(2)减薄转换的多期性。同一地区大陆岩石圈地幔可能经历多期减薄,如华北克拉通至少经历了古元古代和中生代两次岩石圈地幔减薄事件(Gao et al,2002;Tappe et al,2007)。

(3)减薄转换的时间尺度。在一次岩石圈地幔减薄转换过程中,如果将源自岩石圈地幔的岩石形成时代和源自软流圈的岩石形成时代之间的时间间隔作为岩石圈地幔减薄开始至结束的时间尺度,那么,不同地区大陆岩石圈地幔减薄开始至结束的时间尺度就相差很大,如南极洲 Jason 半岛中生代岩石圈地幔减薄转换持续了约 65Ma,而美国盆岭省新生代岩石圈地幔减薄转换仅持续了约 11Ma。

(4)减薄转换的理论模型。大陆岩石圈地幔减薄转换多发生于下列三类构造环境:大陆裂谷地区(如贝加尔湖地区)与大陆裂谷作用相关的地区(如北大西洋地区)、构造活动地区(如美国盆岭省)、古老克拉通地区(如华北克拉通、南极洲克拉通)。相应的岩石圈地幔减薄模型有:岩石圈地幔伸展(Poort et al,1998)或韧性流动模型(Liu et al,1998)等构造模型、与沉积作用相关的模型(Bialas et al,2009)、拆沉模型(Gao et al,2004;Xu et al,2006)和热侵蚀-化学交代模型(Xu et al,2004;Zheng et al,2006a)。由上述典型构造环境下岩石圈地幔减薄转换的实例和岩石圈地幔减薄的主要研究内容可以看出,软流圈地幔来源岩石形成时,岩石圈已发生强烈减薄,因此,软流圈地幔来源岩石的识别是研究岩石圈地幔减薄转换的关键性工作。

大别山三叠纪经历了大陆深俯冲和折返,形成了大陆碰撞造山带和较厚的岩石圈地幔(郑永飞,2008)。早—中侏罗世没有大规模岩浆活动,早白垩世早期具有较厚的富集岩石圈地幔和较厚的地壳。早白垩世大别山大面积岩浆活动(Ma et al,1998;Chen et al,2002;Fan et al,2004;Wang et al,2007;Xu et al,2007)指示该时期是岩石圈转换的重要时期。晚白垩世大别山岩石圈地幔已经减薄。地球物理证据表明，现今在大别山具有正常厚度的地壳(Schmid et al,2001)和较薄的岩石圈地幔(Sodoudi et al,2006)。这说明，白垩纪是大别山岩石圈转换的重要时期。

早白垩世早期镁铁质-超镁铁质岩体研究程度已经很高，前文已有介绍。我们在大量的野外调查阶段在大别山早白垩世镁铁质-超镁铁质岩体中发现了一些辉绿岩脉，这些辉绿岩脉侵位于镁铁质-超镁铁质岩中，年龄约为129Ma，证实其形成时代稍晚于这些岩体。在大别山早白垩世白鸭山A型花岗岩中也发现了年龄约为115Ma的辉绿岩脉。另外，大别山晚白垩世玄武岩广泛出露于造山带南部浠水、黄陂和新洲一带，发育于晚白垩世红层当中，主要包括碱性玄武岩与钙碱性玄武岩。前人研究已经积累了一些可靠的元素和同位素地球化学数据(周文戈,1996;匡少平,2000)，这些数据可为本次研究利用。因此，利用早白垩世镁铁质-超镁铁质岩体、129Ma辉绿岩脉、115Ma辉绿岩脉以及晚白垩世玄武岩这一岩石序列，综合采用野外地质、岩石学、地球化学、地质年代学方法，研究它们的起源与演化，结合实验岩石学及前人经典研究实例，围绕岩浆源区变化与地幔演化的关系，开展白垩纪基性岩岩浆源区与地幔属性的研究，就能从不同时代基性岩源区变化的角度阐明晚中生代岩石圈地幔的减薄转换。

第二章　区域地质概况及岩体地质特征

第一节　区域地质概况

大别造山带夹持在华北与扬子克拉通之间，其南、北边界分别为广济-襄樊断裂与明港-六安断裂所限，造山带东端被郯庐断裂截切向北平移至苏鲁地区。地层古生物证据显示，华北、扬子克拉通碰撞作用促使桐柏-大别古海槽在中三叠世关闭。中生代大别造山带经历过两次重要的构造事件，即碰撞折返事件（240～170Ma）和热窿伸展事件（140～85Ma）（许长海等，2001）。

一、大别山及邻区构造-岩石单元

自 20 世纪 80 年代末在大别山-苏鲁地区发现含柯石英榴辉岩后，中外学者对超高压变质岩岩石学、矿物学、同位素年代学、地球化学、构造地质学等开展了研究，其中对大别山超高压变质岩带的大地构造背景和构造单元划分提出不同的认识，其中有代表性的观点如下：

早在 20 世纪 90 年代初，就有学者尝试把大别造山带划分为北大别地体和南大别地体（Wang et al，1992）。至 90 年代中期，逐渐认识到深俯冲作用及超高压变质作用是发生在三叠纪（Maruyama et al，1994）。Cong (1996)把大别山划分为四个岩石构造单元：北淮阳弧后复理石带、北大别弧杂岩带、南大别碰撞杂岩带和宿松变质杂岩带。该模型在国内有较大的影响，北大别与南大别的提法流传很广。徐树桐等 (2002) 把大别山划分为五个构造单元，由北向南依次为：弧前复理石推覆体、变质蛇绿混杂岩带、榴辉岩相超高压变质带、扬子俯冲基底和扬子俯冲盖层。进入 21 世纪，中国地质大学（武汉）的学者们认为，现今桐柏-大别造山带的组成与结构主要是印支期碰撞及高压-超高压变质期后伸展构造和中新生代构造热演化的结果，并具双侧造山带的结构特征，所以除了燕山期及其后的岩浆活动和盆地堆积产物以外，桐柏-大别碰撞造山带的基本组成主要包括核部杂岩（CC）单元、超高压（UHP）单元、高压（HP）单元、绿帘-蓝片岩（EC）单元和沉积盖层（SC）单元等，此外还有一些镁铁质和超镁铁质岩体，各构造岩石单元间分别由下伸展拆离带、中伸展拆离带、上伸展拆离带和顶伸展拆离带所分隔（索书田等，2000，2001；钟增球等，2001）。

前人构造单元的划分方法代表了对演化模式的不同认识，但对各个地质单元基本物质组成的认识是相对一致的。本书主要以中国地质大学（武汉）学者们的划分方案为主，参照对比其他方案，对桐柏-大别造山带及邻区的基本物质组成笼统地按照地质体简要归纳。

(一)合肥盆地

李忠等(2000)将六安-确山断裂以南、晓天-磨子潭断裂以北地区,包括北淮阳弧后复理石带(北淮阳断裂褶皱带),划分为合肥盆地的南带;把六安-确山断裂以北、寿县-定远断裂以南地区划分为合肥盆地的北带。徐树桐等(2002)把金寨(叶集)-舒城断裂(龟山-梅山断裂)以北的侏罗纪—第四纪盆地称为后陆磨拉石盆地,没有包括合肥盆地的东部。王清晨等(1997)把金寨-舒城断裂以北、寿县-定远断裂以南划分为合肥盆地,并根据肥中断裂和六安断裂(防虎山断裂)把合肥盆地进一步分为北、中、南三部分,北部和中部的基底为晚太古代霍丘群和五河群混合岩化深变质岩系,上覆侏罗系-白垩系地层;南部在巨厚的上白垩统和古近系之下堆积发育了巨厚的中—上侏罗统火山岩,后者不整合在浅变质岩之上。

(二)北淮阳带

在大别山地区,夹持于龟梅断裂与磨子潭-晓天断裂之间的部分被称为北淮阳构造带,主要由卢镇关群和佛子岭群组成,其中卢镇关群的主体已被证明是变质变形的花岗质岩体,锆石年龄表明其主要形成于720~770Ma之间(Chen et al,2003),并经历了三叠纪高压变质作用(王勇生等,2012);佛子岭群则主要是一套浅变质的复理石建造,由石英岩、板岩、千枚岩及大理岩等组成,变质较浅,可达低绿片岩相,其中石英岩中的碎屑锆石主要集中在2.5Ga、1.9~1.8Ga、1.0~0.7Ga和0.5~0.4Ga(Chen et al,2003)。佛子岭群见有大量早古生代化石,被认为是奥陶纪—志留纪增生杂岩(Xu et al,2012c)。值得指出的是,佛子岭群是安徽省内的名称,在河南省内相当的单元被称为苏家河群及信阳群。

(三)核部杂岩单元

核部杂岩单元主要分布于大别山中部、北部以及桐柏山核部,其主体部分相当于通常所指的北大别杂岩单元及西部的桐柏杂岩,主要包括变质表壳岩系、变质镁铁质岩和变质花岗岩。变质表壳岩系和变质镁铁质岩主要包括斜长角闪岩、黑云斜长片麻岩、变粒岩及磁铁石英岩、矽线榴片麻岩、基性及酸性麻粒岩和大理岩等,具有麻粒岩相-高角闪岩相变质作用及多期褶皱变形的特征,经历了强烈的部分熔融和混合岩化作用,多作为残块包裹于变质花岗质岩石之中,所占的比例很少。变质花岗质岩石以花岗闪长质片麻岩和花岗质片麻岩为主,主要是古老地壳在晋宁期受到强烈再造和部分熔融的产物。此外,核部杂岩单元中还有大量燕山期花岗质和镁铁质-超镁铁质岩体就位,古老结晶基底变质岩石保留很少。

(四)超高压单元

超高压单元主要分布于大别造山带南部、西部及北部,主体相当于南大别构造单元,在桐柏地区和北大别北部、磨子潭-晓天断裂南部也有出露。主要岩石组合为英云闪长质片麻岩、面理化含榴花岗岩和榴辉岩,还有少量大理岩、硬玉石英岩及镁铁质岩等。超高压榴辉岩多以透镜状、扁豆状或团块状产于片麻岩中,少量产于大理岩和超镁铁质岩中。榴辉岩分为块状榴辉岩和面理化榴辉岩,前者的峰期变质矿物组合主要为石榴子石+绿辉石+金红石,后者的矿物组合除了石榴子石、绿辉石和金红石外,一般还含有蓝晶石、多硅白云母、黝帘石或滑石等。榴辉岩的围岩主要为黑云斜长片麻岩(超高压片麻岩),含不等量的角闪石、绿帘石和石榴子石，在化学成分上主要相当于英云闪长质片麻岩。超高压单元中面理化含榴花岗岩在化学成分上相当于奥长花岗岩和花岗岩，在整个单元中占有很大的比例。它们常包含各种英云闪长质片麻岩乃至榴辉岩和退变榴辉岩，或穿插于它们之中，显示了部分熔融的迹象。超高压单元内榴辉岩常显示不同程度的退变质，转变为斜长角闪岩和片麻岩。在有些较大榴辉岩地质体内，依次发育榴辉岩、角闪石化榴辉岩、榴辉岩质斜长角闪岩、斜长角闪岩到黑云角闪斜长片麻岩(超高压片麻岩)，它们呈逐渐过渡的接触关系。超高压单元主要由经过超高压变质作用的大陆壳及幔源超镁铁质岩石、退变质的超高压变质岩石及减压退变质和部分熔融作用形成的片麻岩及面理化含榴花岗岩组成，构成一个8～10km厚的楔状岩片。它们与下伏的主要由高温变质杂岩构成的核部杂岩带之间以下滑脱带相隔。在有些区段，因地壳薄化及伸展拆离作用的影响，缺失超高压单元岩石，以致由高压单元岩石直接覆于核部杂岩单元之上。

(五)高压单元

高压单元在大别山主要分布于河南罗山、湖北大悟、红安和安徽宿松等地，以及桐柏山两侧，大致相当于原来所划分的宿松群和红安群以及桐柏山地区原划分的肖家庙岩组、马鞍山岩组、鸿仪河岩组及丘沟岩组等所在的范围。该单元主要由白云钠长片麻岩、钠长绿帘角闪岩以及透镜状产于其中的榴辉岩组成，还有大量面理化(含榴)花岗岩和少量大理岩。高压榴辉岩经历了不同程度的退变质作用，可见到由榴辉岩、榴闪岩、绿帘角闪岩、钠长绿帘角闪岩乃至蓝闪绿片岩和绿片岩的连续退变质系列，还可较清楚地辨认高压榴辉岩与(钠长)绿帘角闪岩之间的演化关系。

在大别山，前人研究成果主要集中于高压-超高压变质岩石的研究上，已证实高压-超高压变质发生在晚三叠世(李曙光等，2005)，超高压变质原岩形成于晋宁期(Zheng et al，2006b)。

(六)绿帘蓝片岩单元

绿帘蓝片岩单元分布于桐柏-大别造山带的南侧。主要由绿帘蓝闪片岩(变质基性火山岩)、蓝闪白云钠长片岩(变质酸性火山岩)、蓝闪白云石英片岩(变质泥质岩)和蓝闪大理岩(变质碳酸盐岩)以及绿片岩、白云钠长片岩及白云石英片岩等组成。大致包括了原来所划分的张八岭群、随县群。经历了从低绿片岩相到绿帘蓝闪片岩相的进变质作用，以及绿片岩相、低绿片岩相的退变质作用过程。在绿帘蓝片岩带中还见有少量残留的榴辉岩透镜体。同样，在部分高压榴辉岩中仍可见到绿帘蓝片岩相退变质作用的叠加，这些都可能暗示了高压榴辉岩与绿帘蓝片岩间的转化关系。

该单元形成时代有争议，由于未见于灯影组以上的地层，而且下扬子地区二叠系的强烈褶皱并未波及相邻的大别基底，因此力排中生代变质的说法，结合不少Rb－Sr全岩、锆石U－Pb年龄，支持其属前寒武纪(游振东等，1998)。

(七)沉积盖层

桐柏-大别碰撞造山带内所保存的盖层岩系，由于构造揭顶作用及侵蚀破坏，仅在桐柏-大别造山带的南缘有残留露头，另在上述各单元的顶部也偶见出露，多呈构造岩片产出。这些沉积盖层由晚震旦世至三叠纪沉积岩组成，这在造山带内部尤为显著，在港河地区和石桥地区则以浅变质的火山碎屑岩为代表。但是，翟明国等 (1999)认为上述浅变质岩片是一套强烈变

形、细粒化和构造重结晶的糜棱岩，其原岩主要为超高压带内常见的区域花岗片麻岩以及榴辉岩和大理岩，还有少量经历了强烈变形的酸性和基性岩脉。

（八）镁铁质及超镁铁质岩石

在桐柏-大别山，尤其是大别山北部广泛分布大小不一的镁铁质及超镁铁质岩石块体。依据它们的矿物组合、变形变质特点及与围岩的接触关系，可分为两大类：一类是以发育在饶钹寨、碧溪岭和石马等地、变形的方辉橄榄岩、纯橄榄岩组合为代表，它们与榴辉岩相岩石有相同的变形变质及几何学特征。如饶钹寨两个垂向上叠置的方辉橄榄岩扁平透镜体的长轴平行区域拉伸线理，与区域上榴辉岩透镜体形态及堆垛格式一致。地球化学研究表明，这些超镁铁质岩的稀土模式为 LREE 富集型，不同于大洋地幔，其$(^{87}Sr/^{86}Sr)_i$ 和 $\varepsilon_{Nd}(t)$值表明不是来自亏损的地幔源区。另一类镁铁质-超镁铁质岩是辉石岩、角闪辉石岩及辉长岩组合，多为宏观上未变形的侵入体，与围岩有清楚的侵入接触关系，并含有围岩捕虏体，如岳西小河口岩体及霍山祝家铺岩体等。同位素年代学资料表明这一类镁铁质-超镁铁质岩体是燕山期就位的。这些镁铁质及超镁铁质的岩石地球化学特征及野外地质体间的几何关系、变形行为表明，它们不具变质蛇绿混杂岩的特征。

（九）江汉盆地

在大别山南麓前陆带（大冶地区）发育有元古宇-古生界-中生界连续沉积的地层记录，震旦系仅在扬子区北缘蕲州一带出露硅质岩段和灰岩段，其层位属震旦系上统。在距大冶约50km 的大磨山地区，震旦系出露较全，自下向上是砾岩、冰碛岩、硅质岩和灰岩组合。北缘震旦系与红安群是断层接触还是角度不整合接触，至今认识不一。若是角度不整合，则说明晋宁期扬子克拉通与大别微板块曾拼合在一起。古生界广泛出露于扬子区，构成扬子准地台主要盖层。寒武系、奥陶系以浅海沉积碳酸盐岩为主；志留系以深海-滨海沉积砂页岩为主；泥盆系仅出露上统滨海相沉积的石英砂岩；石炭系仅出露中上统灰岩；二叠系以浅海沉积碳酸盐岩、深海硅质岩和滨海沼泽含煤沉积为主；下三叠统沉积了厚度大于 1000m 的浅海相碳酸盐岩。印支运动使扬子区由海变陆，从此结束海相沉积，发育陆相红盆沉积。中上三叠统为陆相沉积砂岩、页岩；侏罗系为河湖相碎屑岩和火山碎屑岩；下白垩统为火山岩和湖相砂页岩，上白垩统—新近系为断陷盆地碎屑岩沉积，它所反映的前陆盆地演变过程对揭示大别山造山作用及晚中生代构造体制转换具有重要意义（马昌前等，1994）。

二、大别山侵入岩

综合前人研究资料和我们先期的研究成果，桐柏-大别山地区侵入岩体主要有晋宁期、加里东期和燕山期。

（一）晋宁期

据近年来可靠的锆石年代学资料，晋宁期侵入岩体有南大别地区南部的蕲春岩体、鲁家寨岩体、太阳脑岩体，西大别地区南部的双峰尖岩体和西大别地区沿王母观—柳林一带的基性小岩体。

蕲春杂岩体位于南大别地区，由片麻状斑状二长花岗岩和花岗岩组成，其锆石 U－Pb 年龄分别为825Ma和784Ma(薛怀民等,2004)。鲁家寨岩体及太阳脑岩体岩性分别为二长花岗岩和钾长花岗岩,锆石U-Pb年龄分别为757Ma和759Ma。双峰尖岩体位于西大别地区南部,属花岗闪长岩-钾长花岗岩,锆石U-Pb年龄为813Ma(刘晓春等,2005)。王母观-柳林基性岩体沿周党-商城断裂带分布,构造侵位,岩性为辉长岩,自东向西蚀变增强,其中王母观岩体锆石U-Pb年龄为635Ma(刘贻灿等,2006),柳林岩体锆石U-Pb年龄为611Ma(陈玲等,2006)。晋宁期的这些岩体可能代表当时存在不同时期的裂解事件。

(二)加里东期

加里东期岩体主要见于西大别地区北部和桐柏山一带,主要岩体有马畈岩体、黄家湾岩体、铁佛寺岩体、桃园岩体和黄岗杂岩体。

马畈岩体主要岩性为闪长岩、正长闪长岩、石英闪长岩及花岗闪长岩,石英闪长岩的锆石U-Pb年龄为464Ma(马昌前等,2004)。黄家湾岩体岩性为花岗闪长岩-二长花岗岩,岩石锆石U-Pb年龄为444Ma。铁佛寺岩体岩性为片麻状钾长花岗岩-二长花岗岩,锆石U-Pb年龄为436Ma(张金阳等,2007)。桃园岩体岩性由斜长花岗岩,岩体锆石U-Pb年龄为451Ma(张宏飞等,2000)。黄岗杂岩体岩性由辉长岩-辉石闪长岩-石英闪长岩-花岗闪长岩组成,岩体Rb-Sr等时线年龄为430Ma(张利等,2001)。这些岩体代表加里东期华北克拉通与华南板块的俯冲-碰撞事件,马畈岩体、黄家湾岩体、桃园岩体和黄岗杂岩体代表早期的俯冲事件(马昌前等,2006),铁佛寺S形花岗岩体代表其后的碰撞事件(张金阳等,2007)。

(三)燕山期

桐柏-大别山地区中生代花岗岩在全区广泛分布,花岗岩类出露面积占研究区总面积的17%,大小不同的花岗岩体约有200个,形成巨量花岗岩浆活动。该地区中生代基性岩体出露面积相对较少,岩浆规模很小,但岩浆活动表现形式多样,主要呈镁铁质-超镁铁质小岩体、基性岩脉、闪长质暗色微粒包体及超镁铁质岩包体产出。镁铁质-超镁铁质小岩体主要出露于大别山东北角,主要岩体有椒子岩、道士冲、祝家铺、任家湾、小河口,以及大别山核部的沙村、漆柱山和贾庙岩体,岩性主要为辉石岩-辉长岩。基性岩脉主要分布于大别东部花岗岩内部及其围岩当中,向大别西部基性岩脉数量减少,基性岩脉主要包括煌斑岩脉、辉长岩脉、辉绿岩脉、闪长岩脉、闪长玢岩脉。闪长质暗色微粒包体在大别山地区的分布是不均一的,大别山核部白垩纪花岗岩中几乎不含暗色微粒包体,而北淮阳地区、南大别地区和西大别地区花岗岩中或多或少总有暗色微粒包体出露。暗色微粒包体与镁铁质-超镁铁质岩体区域分布基本互补的特征值得深思。桐柏-大别山绝大部分侵入岩均属燕山期(图2-1),主要集中于早白垩世。

第二节 岩体地质特征

大别造山带属研究程度较高的地区,位于其东部的镁铁质-超镁铁质岩体是揭示大别山中生代岩石圈地幔属性的最佳研究对象,历来是研究工作重点中的重点,这些镁铁质-超镁铁质岩体具有相同的地质产状,类似的岩性,部分显示明显的堆晶结构,与其周围的片麻岩呈侵入关系,如祝家铺、任家湾、童家冲、道士冲、沙村、椒子岩等岩体。现将主要的岩体地质特征及岩

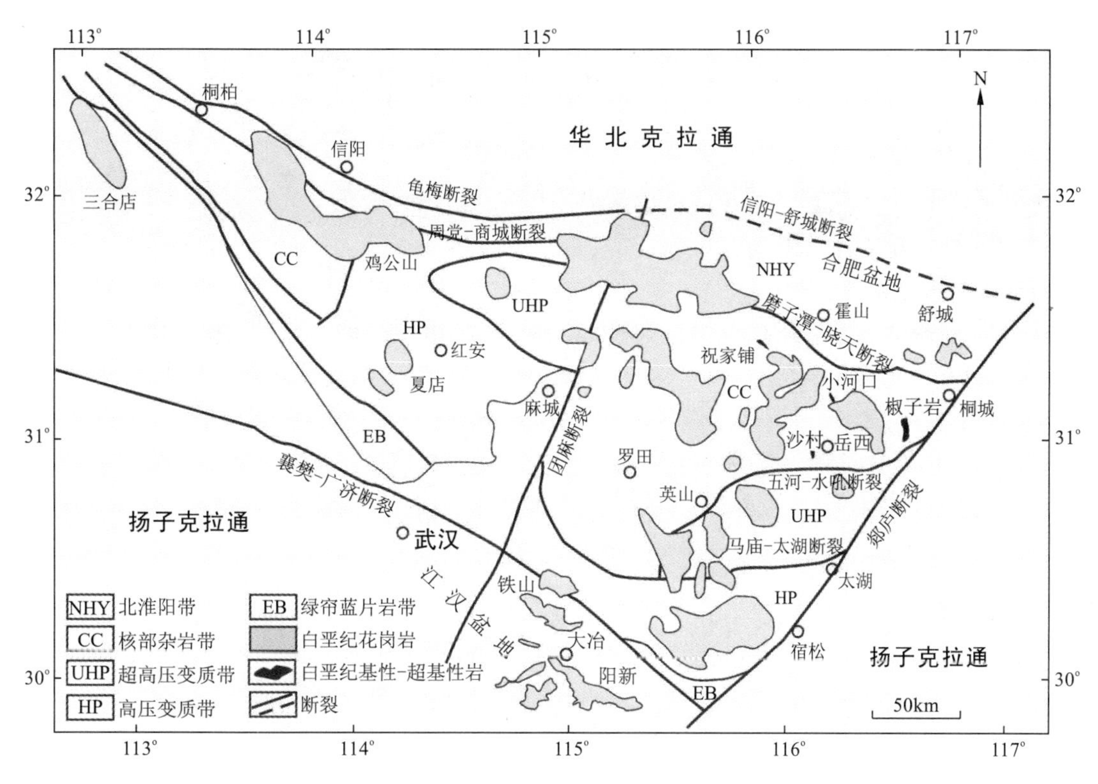

图 2-1　大别山区域地质简图(据索书田等修编,2000)

相学特征描述如下,其中小河口岩体是本节的重点解剖对象。

(一)椒子岩岩体

椒子岩岩体位于桐城市大塘乡东,岩体近南北向展布,长约 10km,宽约 3km,出露面积 24km^2,是北大别所有镁铁质-超镁铁质侵入体中最大的一个。岩体与灰色片麻岩围岩之间呈明显的侵入接触关系。在大塘乡东侧岩体西部,见斑状黑云母二长花岗岩与岩体边部的黑云母闪长岩接触(彩图 1),见斑状黑云母二长花岗岩捕获黑云母闪长岩捕虏体(彩图 2),也见黑云母闪长岩中具斑状黑云母二长花岗岩中的钾长石斑晶(彩图 3),又有后期的宽窄不一的细晶岩脉呈不同方向穿插。据此推测,斑状黑云母二长花岗岩与黑云母闪长岩形成时间可能基本同时。

椒子岩岩体主要岩性为辉长岩-闪长岩,岩体中心为辉长岩,出露范围有限,向边部辉长岩颗粒变小,岩体边部逐渐过度为中粗黑云母闪长岩。在岩体东西两侧黑云母闪长岩中多见辉长岩包体,推测辉长岩形成时间早于黑云母闪长岩。岩体边部黑云母闪长岩中闪长玢岩非常发育,呈宽窄不一的脉状或沿一定方面延伸的长条状集中成群分布(彩图 4)。在岩体西侧,花岗细晶岩脉非常发育,岩脉很宽,切穿了黑云母闪长岩及闪长玢岩。另外,岩体中还发现一条宽 2.5m,产状为 100°∠29°的中细粒石英正长岩脉(彩图 5)。

椒子岩岩体内各类岩石主要暗色矿物为辉石和黑云母,角闪石少见,浅色矿物为长石、石英。各类岩石特征描述如下。

(1)辉长岩:岩石为黑色,堆晶结构、辉长结构,块状构造。由岩体中心向边部矿物颗粒大小由中粗粒(4～5mm)过渡为中粒(2～3mm)。主要矿物组合及薄片下估计的含量分别为斜长石45%、单斜辉石25%、斜方辉石15%、黑云母10%和少量钛铁矿、磁铁矿、磷灰石以及锆石。部分单斜辉石可见简单双晶及简单环带(彩图6),斜长石一般见聚片双晶,部分斜长石见简单的环带。

(2)黑云母闪长岩:岩石为灰色至灰黑色,中粒结构,块状构造。主要矿物组合及含量分别为斜长石55%、钾长石25%、石英2%、黑云母15%。部分斜长石可见粗大的简单环带(彩图7),黑云母局部见绿泥石化。

(3)闪长玢岩岩脉:岩石为黑色,斑状结构,块状构造。斑晶大小2mm左右,含量少(<5%),斑晶矿物为单斜辉石和斜长石。岩石主要由基质组成,基质矿物呈针状,镜下不易分辨。

(4)石英正长岩岩脉:岩石为浅肉红色,中粒结构,块状构造。主要矿物组合及含量分别为钾长石55%、斜长石30%、石英15%,暗色矿物很少。

(二)小河口岩体

小河口岩体位于岳西县头陀镇小河口村,岩体沿约315°方向呈北西向延伸,全长约6km,在小河口村一带最宽,达1～1.5km,平面呈拉长的梭形,出露面积约为$5km^2$。岩体与围岩接触界线平直,呈整合侵入接触。该岩体由三个辉石岩类组成中心,依次向外出露辉长岩类、淡色辉长岩类和二长岩类,构成类似环状的杂岩体(图2-2)。边缘的二长岩类与长英质片麻岩、混合岩、片岩及变粒岩具有截然的接触关系,并且捕获了这些围岩的捕虏体。辉长岩类与围岩接触时,接触关系比较复杂,主要可以区分为两类:一类是较宽的接触带,带内可见不规则的、较大的混合岩捕虏体,这些捕虏体为辉长岩类细脉所分割(彩图8);另一类是辉长岩类与围岩混合岩之间的接触带,是一个具有相互反应关系的过渡带(彩图9)。辉长岩类内部的一些片麻岩捕虏体发育热变质边缘带,该带向外还可见被闪长质条带所包围(彩图10)。辉石岩类、辉长岩类和淡色辉长岩类的接触界线通常是截然的,但是淡色辉长岩类和二长岩类的接触界线通常是过渡的。辉长岩类通常含有辉石岩类捕虏体,淡色辉长岩类和二长岩类通常含有辉长岩类捕虏体。

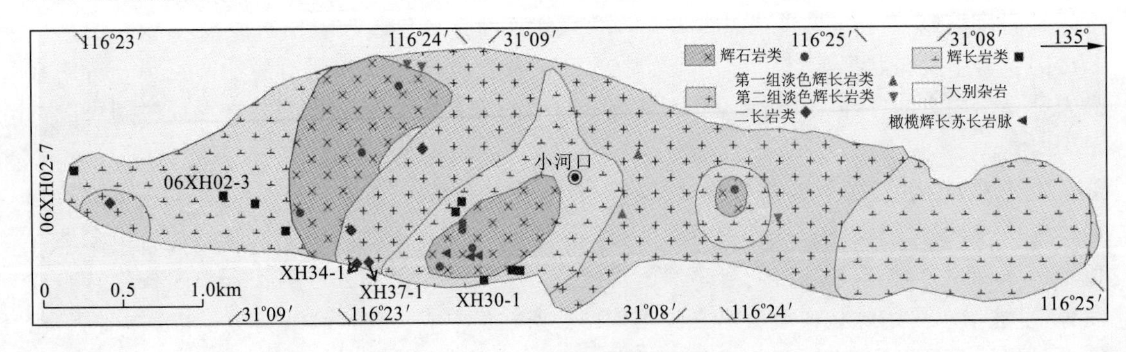

图2-2 大别山小河口岩体地质简图

上述四种岩石类型(辉长岩类、淡色辉长岩类、二长岩类、辉石岩类)中可见闪长质包体出露,其中在辉石岩类和辉长岩类局部特别发育,往往成群产出,含量可达5%,有时具有定向排列的特征(彩图11～彩图14),在淡色辉长岩类和二长岩类中一般出露较少。这些包体具有细粒结构，一般呈椭圆形，通常长轴长度约 1～5cm，与寄主岩的接触界线截然。辉石岩类中见到的最大的闪长质包体长达 30cm、宽 10cm。

细粒等粒结构的橄榄辉长苏长岩脉仅见侵位于辉石岩类中（彩图 11），代表稍晚同源岩浆活动的产物。辉石岩类中也发育辉长质伟晶岩和角闪辉长质伟晶岩，花岗伟晶岩发育于辉长岩类和二长岩类岩石中（彩图 15、彩图 16）。角闪辉长伟晶岩通常含有晶洞和粗粒自形角闪石（彩图 17、彩图 18），当角闪石含量很多而斜长石含很少时就是角闪石岩。硫化物团块在辉石岩类和辉长质伟晶岩中都有发育，通常由黄铜矿、镍黄铁矿等组成（彩图 19）。

综上所述，野外接触关系表明小河口杂岩体中四种主要岩石类型的侵位序列依次是辉石岩类、辉长岩类、淡色辉长岩类和二长岩类，它们代表稍早岩浆活动的产物。闪长质包体、硫化物团块和各类伟晶岩都可能是这期岩浆活动分异的产物。

除上述岩石类型之外，小河口各类岩石里还见侵入酸性岩脉与中基性岩脉，这些岩脉与寄主岩呈现截然的侵入接触关系，具有群聚性的特征，沿走向平行产出，岩脉宽度一般为 10～40cm，少量中性岩脉宽度可达 3m，其中基性岩脉多发育冷凝边。中基性岩脉主要由辉绿岩脉组成（彩图 20），可见少量闪长玢岩脉，酸性岩脉主要由碱长花岗岩脉和石英正长岩脉组成（彩图 21～彩图 24）。野外观察时可见碱长花岗岩脉切穿基性岩脉，表明酸性岩脉形成较晚（彩图 25）。在较宽的辉绿岩脉中可见形态不规则的闪长质分异体，大致呈脉状，长约 1～2m，宽约 1～5cm，矿物组合与含量与闪长玢岩脉类似（彩图 26）。

根据矿物组成和含量，小河口杂岩体中的辉石岩类多为二辉岩，主要由单斜辉石和斜方辉石构成，含有少量斜长石、黑云母、角闪石、橄榄石和铁钛氧化物，锆石和磷灰石是主要的副矿物。粗粒辉石通常被熔蚀并聚集成堆，细粒辉石、斜长石、黑云母、角闪石和橄榄石往往围绕这些粗粒辉石分布，呈现明显的填隙状特征。细粒辉石通常较为自形，很少被熔蚀（彩图 27）。

辉长岩类主要包括辉长苏长岩、少量苏长岩和辉长岩。该类岩石中的矿物粒度变化较大，可由 0.2mm 变化至 6mm，粒度最大的矿物一般是斜长石。黑云母与细粒斜长石呈现填隙的特征，少量大颗粒斜长石发育环带。橄榄辉长苏长岩脉含有高达 25%的橄榄石。与混合岩接触的辉长苏长岩样品（06XH02－7）含有约 3%的石英。

淡色辉长岩类一般由斜长石、斜方辉石、单斜辉石和黑云母组成，一般还含有少量铁钛氧化物、钾长石和石英，副矿物包括磷灰石和锆石。斜长石颗粒有时可见环带。淡色辉长岩类可进一步分为两组：第一组比第二组含有更多黑云母，前者含黑云母约 10%，后者含黑云母约 1%～3%；第二组含大量斜长石，可高达 80%，并可见短柱状磷灰石。

边缘二长岩类可由二长岩变化到石英二长岩，局部还可见闪长岩。二长岩一般含有 35%斜长石、45%钾长石、5%斜方辉石、5%单斜辉石、5%黑云母和 4%石英，副矿物包括磷灰石、锆石和铁钛氧化物。除了等粒结构外，一些二长岩样品呈似斑状结构，斑晶矿物为斜长石和辉石，斜长石斑晶有时可见环带，钾长石可见围绕斜长石斑晶周边产出并熔蚀后者（彩图 28、彩图 29），基质颗粒很细，通常为 0.02mm，主要矿物为钾长石、石英、斜长石、黑云母和辉石。

绝大多数闪长质包体由斜长石和少量斜方辉石、黑云母及铁钛氧化物组成，副矿物包括单斜辉石、石英和钾长石。一些闪长质包体含有高达 8%～18%斜方辉石和少量黑云母（1%）（彩图 30），另一些仅仅含有 2%～10%黑云母，无斜方辉石（彩图 31）。辉石岩类中那个最大的闪长质包体主要由 90%斜长石、9%钾长石和 1%石英组成。

大多数辉绿岩脉具有斑状结构，斑晶为斜长石、单斜辉石、斜方辉石和少量橄榄石，基质包括斜长石、单斜辉石、黑云母、角闪石、斜方辉石和铁钛氧化物。部分辉绿岩脉斑晶以辉石为主(彩图32),部分辉绿岩脉却以斜长石斑晶(50%)为主(彩图33)。一些辉绿岩脉基质中以黑云母为主(彩图33),另一些具有较高含量的角闪石(彩图32)。辉石斑晶通常呈现被熔蚀的特征(彩图32),可见环带结构,斜长石斑晶通常呈板状,具有环带,斜长石环带内可观察到黑云母和铁钛氧化物。

闪长玢岩脉都呈现斑状的特征,中粗粒斜长石斑晶大小约4～6mm,含量约15%,细粒辉石、斜长石和钾长石斑晶大小约1mm,含量约45%。基质矿物包括斜长石、辉石、钾长石、石英、黑云母和铁钛氧化物,粒度一般为0.05mm,约占40%(彩图34)。闪长质分异体同样具有斑状结构,斜长石和辉石斑晶大小通常约1～2.5mm,基质大小通常约0.1～0.5mm。闪长岩脉和闪长质分异体的矿物组成为60%斜长石、15%钾长石、12%单斜辉石、8%斜方辉石、3%石英、1%黑云母和1%铁钛氧化物。斜长石斑晶通常发育环带且含有辉石包裹体(彩图35)。

中粗粒石英正长岩脉通常由85%钾长石、7%斜长石、7%石英和少量褐帘石(约1%)组成。褐帘石通常是细粒且具有环带(彩图36)。碱长花岗岩岩脉通常是细粒结构,由57%钾长石、35%石英、7%斜长石和少量黑云母及褐帘石组成。

(三)沙村岩体

沙村岩体位于岳西县中关乡,岩体面积约8km²,岩体与围岩之间呈明显的侵入接触关系,从岩体中心向边部依次由辉石岩、辉长岩过渡到斑状辉长闪长岩、中细粒辉长闪长岩,边部为灰白色闪长岩(葛宁洁等,1999)。在岩体边部见灰白色闪长岩侵入灰黑色辉长闪长岩(彩图37)。灰黑色辉长闪长岩以堆晶(似斑状)结构为特征,斑晶矿物角闪石和斜长石大小约为0.5cm×0.5cm,最大可达2cm×1cm。向岩体边部,不等粒特征逐渐消失,过渡为灰黑色细粒辉长闪长岩。岩体中见花岗岩脉,岩脉风化严重,宽窄不一,约在30～40cm之间,岩脉产状为132°∠52°。

辉石岩和辉长岩为堆晶结构,基质矿物的粒径为1～3mm,斑晶矿物的粒径为1cm左右(彩图38),有的可达2.5cm,矿物组合为单斜辉石、斜方辉石、斜长石、角闪石、黑云母、石英。单斜辉石为半自形到他形,部分被角闪石和黑云母交代。斜长石具有钠长石双晶和环带结构,部分被蚀变为细小的黏土矿物。闪长岩的矿物组合为斜长石、角闪石、黑云母、石英、辉石,斜长石为自形到半自形,具有双晶和环带结构,矿物颗粒边部蚀变现象普遍。从矿物之间的相互关系可以看出它们的结晶顺序,结晶最早的是斜方辉石和基性斜长石,单斜辉石比斜方辉石结晶稍晚,最后形成的是角闪石和黑云母。角闪石包裹辉石、交代辉石的现象很普遍,黑云母多分布在辉石颗粒间隙,有的交代角闪石,有的被角闪石所包裹。

(四)祝家铺岩体

祝家铺岩体位于霍山县落儿岭镇祝家铺村一带,岩体长约4500m,宽约100～1400m,面积约12km²,自南向北由NW向折为NWW向,在平面上呈歪斜的S形。岩体与围岩呈侵入接触关系,围岩为片麻状混合岩,岩体中见围岩捕虏体及悬垂体。岩体主要由角闪辉石岩组成,橄辉岩、粗粒辉石岩、粗粒辉长岩仅零星出露。大块石上见粗粒辉石岩与粗粒辉长岩截然的接触边界,边界既无冷凝变细边也无烘烤加粗边,一条宽约3mm的细粒钾长花岗岩穿过粗粒辉石岩及粗粒辉长岩。岩体中可见团块状伟晶闪长岩团块、闪长玢岩脉、花岗岩脉及花岗斑岩脉。在祝家铺村敖山矿场,见1条闪长玢岩脉及2条花岗岩岩脉,3条岩脉相隔较远,未见其穿插关系,闪长玢岩脉宽约2m,近直立侵入。2条花岗岩脉呈共轭状侵入,宽约0.8m,其中1条花岗岩脉产状为155°∠42°。闪长玢岩脉、花岗岩岩脉与广泛发育于大别山其他岩体中的同种类型岩脉在成分上没有区别。在落儿岭镇上冲村附近,见宽约40cm的花岗斑岩脉,产状为225°∠40°。在敖山,角闪辉石岩中曾开采铁矿。

祝家铺角闪辉石岩为暗绿色,堆晶结构,矿物颗粒大小主要在0.5～3mm之间,部分矿物可达5～10mm。主要矿物为斜方辉石、单斜辉石、角闪石、斜长石和黑云母组成,当角闪石含量增加时变为辉石角闪岩。结晶最早的是斜方辉石和斜长石,其次是单斜辉石,角闪石部分交代辉石,而黑云母部分交代角闪石。

彩图1 椒子岩岩体边部黑云母闪长岩与斑状黑云母二长花岗岩接触

彩图2 斑状黑云母二长花岗岩捕获椒子岩岩体边部黑云母闪长岩捕虏体

彩图3 椒子岩岩体边部黑云母闪长岩中可见来自斑状黑云母二长花岗岩的钾长石斑晶

彩图4 椒子岩岩体中闪长玢岩在黑云母闪长岩中呈宽窄不一的脉状

彩图5 椒子岩岩体中的石英正长岩脉

彩图6 椒子岩辉长岩中单斜辉石简单双晶及简单环带(正交光, 10×5)

彩图7 椒子岩岩体边部闪长岩中斜长石简单环带(正交光, 10×5)

彩图8 小河口杂岩体辉长岩类与混合岩间较宽的接触带

彩图9 小河口杂岩体中辉长岩类与混合岩间具相互反应关系的接触带

彩图10 小河口杂岩体辉长岩类内部片麻岩捕虏体边部热变质边缘带及闪长质条带

彩图11 小河口杂岩体内橄榄辉长苏长岩脉侵位于辉石岩类中，后者可见闪长质包体

彩图12 小河口杂岩体辉石岩中定向展布的闪长质包体

彩图13 小河口辉石岩中定向展布的闪长质包体近照

彩图14 小河口辉长岩类中的闪长质包体

彩图15 小河口杂岩体辉长岩类中的花岗伟晶岩

彩图16 小河口杂岩体辉长岩类中的花岗伟晶岩近照

彩图17 小河口辉石岩类中的角闪辉长质伟晶岩

彩图18 小河口岩体中的角闪辉长质伟晶岩近照

彩图19 小河口杂岩体辉石岩类中的硫化物团块

彩图20 侵入小河口杂岩体中的辉绿岩脉

彩图21 侵入小河口岩体碱长花岗岩脉的流动构造

彩图22 侵入小河口杂岩体中的碱长花岗岩脉

彩图23 侵入小河口岩体中的石英正长岩脉

彩图24 侵入小河口岩体中的两条石英正长岩脉

彩图25　小河口杂岩体碱长花岗岩脉切穿辉绿岩脉

彩图26　小河口岩体辉绿岩脉中的中性分异体

彩图27　小河口岩体辉石岩类中粗粒熔蚀辉石及细粒自形辉石

彩图28　小河口岩体二长岩类中钾长石围绕斜长石斑晶并熔蚀后者，基质为长英质

彩图29　小河口岩体二长岩中被熔蚀的辉石斑晶

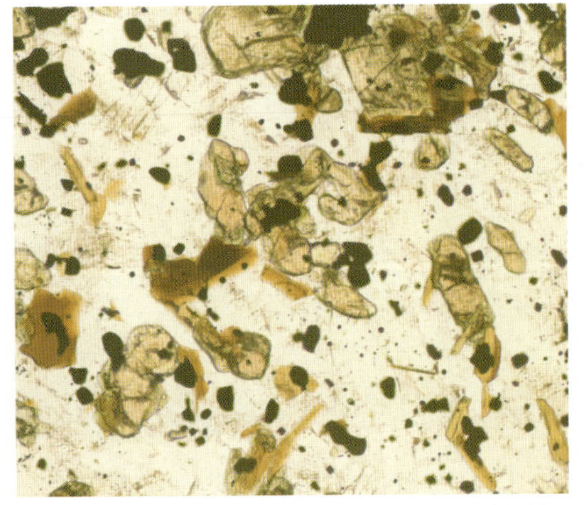

彩图30　小河口岩体富含斜方辉石的闪长质包体

彩图31 小河口岩体中富含黑云母的闪长质包体

彩图32 小河口辉绿岩中辉石斑晶，基质富含角闪石

彩图33 小河口辉绿岩中斑晶斜长石，基质富含黑云母

彩图34 小河口闪长玢岩斑晶斜长石及基质矿物

彩图35 小河口闪长玢岩斑晶环带斜长石包裹辉石

彩图36 小河口石英正长岩脉中的褐帘石环带

彩图37 沙村岩体边部灰白色闪长岩侵入灰黑色辉长闪长岩

彩图38 沙村岩体边部辉长闪长岩角闪石斑晶(单偏光, 10×1.6)

第三章 矿物化学特征

第一节 小河口镁铁质-超镁铁质杂岩体

在详细的野外地质调查和室内岩相学鉴定的基础上，针对小河口杂岩体开展了全面的矿物电子探针主要氧化物成分测试，电子探针测试数据见表3-1～表3-5，各种岩石矿物成分对比分析如下。

一、橄榄石

在小河口杂岩体中，辉石岩类、辉长苏长岩和橄榄辉长苏长岩脉中可见橄榄石矿物，电子探针显示，橄榄石中的镁橄榄石分子Fo值变化于70～80之间，其中，辉长苏长岩中的橄榄石具有最高的Fo值，其次为辉石岩类中的橄榄石，橄榄辉长苏长岩脉中的橄榄石Fo值最低（表3-1）。

表3-1 小河口杂岩体橄榄石电子探针数据

岩石类型 样品编号	SiO_2	TiO_2	Al_2O_3	FeO	MnO	MgO	CaO	Na_2O	K_2O	NiO	总量	Fo (%)
辉石岩 06XH03-2	37.40	0.03	0.04	22.61	0.31	39.07	N.D.	0.00	0.00	0.19	99.65	75
	37.48	0.03	0.03	22.45	0.31	39.10	N.D.	0.01	N.D.	0.20	99.61	76
	37.70	N.D.	0.01	22.32	0.29	39.09	0.01	0.02	0.00	0.18	99.62	76
	37.11	0.04	0.03	22.42	0.34	39.18	0.01	N.D.	0.01	0.20	99.34	76
	37.19	0.07	0.05	22.50	0.33	38.87	N.D.	N.D.	N.D.	0.20	99.21	75
	37.66	0.01	0.04	21.81	0.30	39.23	0.01	0.01	0.01	0.22	99.30	76
	37.66	0.02	0.06	21.96	0.34	39.16	N.D.	N.D.	N.D.	0.19	99.39	76
	37.62	0.03	0.03	22.25	0.28	39.13	0.02	0.04	0.01	0.21	99.62	76
	37.31	0.01	0.06	22.13	0.32	39.11	N.D.	0.02	N.D.	0.21	99.17	76
	37.60	0.06	0.05	21.97	0.30	39.18	0.02	N.D.	0.01	0.21	99.40	76
	37.64	0.05	0.04	22.25	0.29	39.16	N.D.	0.03	N.D.	0.22	99.68	76
	37.49	0.02	0.02	22.17	0.30	38.99	N.D.	0.03	N.D.	0.19	99.21	76
	37.32	0.01	0.03	22.28	0.38	39.01	N.D.	0.02	0.00	0.20	99.25	76
	37.28	0.03	0.01	22.40	0.28	38.95	N.D.	N.D.	0.02	0.24	99.21	76

续表 3-1

岩石类型 样品编号	SiO_2	TiO_2	Al_2O_3	FeO	MnO	MgO	CaO	Na_2O	K_2O	NiO	总量	Fo (%)
辉长苏长岩 06XH02-7	38.27	0.03	0.04	19.05	0.24	41.57	0.01	N.D.	N.D.	0.27	99.48	80
	38.01	0.02	0.03	18.81	0.29	41.71	N.D.	0.03	N.D.	0.31	99.21	80
	38.33	0.01	0.04	18.81	0.29	41.90	0.01	N.D.	N.D.	0.27	99.66	80
橄榄辉长苏长岩脉 XH11-5	37.12	0.03	0.06	26.46	0.34	35.92	0.02	0.02	0.01	N.A.	99.98	71
	37.69	0.03	0.03	25.53	0.31	36.29	0.01	0.01	N.D.	N.A.	99.90	72
	37.49	0.08	0.02	25.74	0.32	36.08	0.02	0.00	N.D.	N.A.	99.75	71
	37.39	0.06	0.07	26.43	0.34	35.42	0.01	0.00	0.00	N.A.	99.72	70
	37.53	0.04	0.05	26.29	0.33	35.38	N.D.	N.D.	N.D.	N.A.	99.62	71

N.D.低于探测限；N.A.没有测试。

二、辉石

在小河口杂岩体中，辉石岩类中斜方辉石的顽火辉石En端元组分变化于71～81之间，辉长岩类中斜方辉石的En端元组分变化于67～70之间(图3-1，表3-2)。产于辉长苏长岩样品06XH02-7斜长石中的斜方辉石包裹体含有67～68的En端元组分。辉长苏长岩样品XH33-3中的环带斜方辉石具有En端元组分为70的核部与En端元素组分为68的边部。二长岩类及闪长质包体中斜方辉石的En端元组分分别变化于58～65与61～65之间。淡色辉长岩类斜方辉石的顽火辉石En端元组分变化于64～66之间，这明显高于二长岩类与闪长质包体中的斜方辉石，同时也明显低于辉石岩类和辉长岩类中的斜方辉石。橄榄辉长苏长岩脉中斜方辉石的En端元组分为75，与辉石岩类中的斜方辉石类似(图3-1)。具似斑状结构的二长岩中斑晶和基质斜方辉石的成分没有太大的差别(表3-2)。

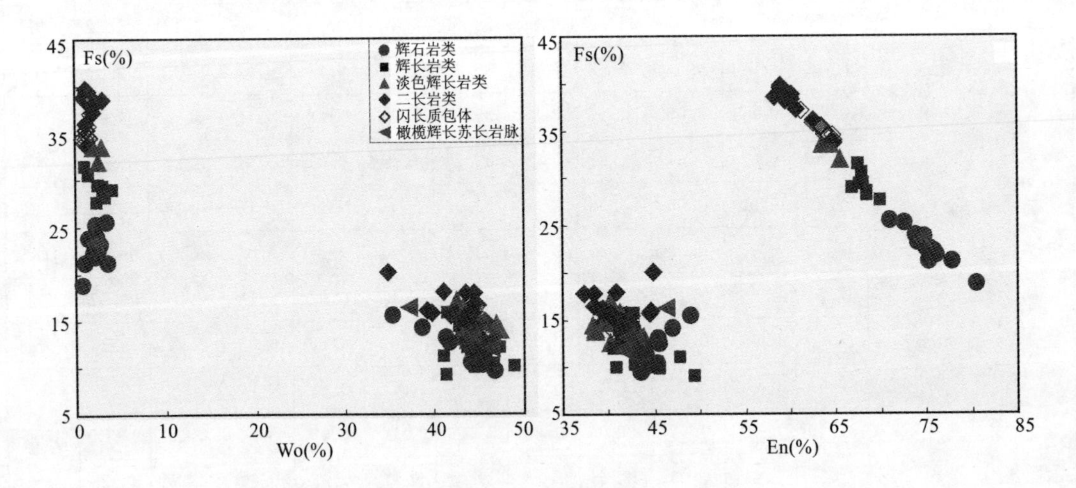

图3-1 小河口杂岩体不同岩石类型中辉石端元成分对比图

辉石岩类和辉长岩类中的单斜辉石成分基本相当(表 3-2),前者顽火辉石 En、硅灰石 Wo 和铁辉石 Fs 端元成分变化范围为 $En_{41\sim49}Wo_{35\sim47}Fs_{9\sim16}$,后者为 $En_{41\sim49}Wo_{41\sim49}Fs_{9\sim16}$。淡色辉长岩类、二长岩类和闪长质包体中的单斜辉石同样具有基本相当的成分,依次分别为 $En_{38\sim44}Wo_{43\sim47}Fs_{13\sim17}$、$En_{37\sim45}Wo_{35\sim46}Fs_{13\sim20}$、$En_{40\sim41}Wo_{44\sim45}Fs_{14\sim15}$,但与辉石岩类及辉长岩类中的单斜辉石相比,明显具有较高的 FeO 含量和较低的 CaO 与 MgO 含量(图 3-1)。橄榄辉长苏长岩脉中的单斜辉石成分与辉石岩类及辉长岩类中的单斜辉石成分基本相同,其端元成分变化范围为 $En_{42\sim46}Wo_{37\sim47}Fs_{12\sim16}$。

表 3-2　小河口杂岩体辉石电子探针数据

岩石类型 样品编号	矿物	SiO_2	TiO_2	Al_2O_3	FeO	MnO	MgO	CaO	Na_2O	K_2O	Cr_2O_3	总量	Wo (%)	En (%)	Fs (%)
辉石岩 06XH03-2	Cpx	51.17	0.57	3.48	7.80	0.17	15.52	19.73	0.61	N.D.	0.18	99.23	41	45	13
	Opx	53.22	0.26	2.11	14.52	0.29	27.74	1.23	0.06	N.D.	0.09	99.52	2	75	23
	Opx	52.99	0.32	1.95	14.73	0.34	27.69	1.17	0.03	0.01	0.07	99.30	2	75	23
	Cpx	50.45	0.91	3.83	6.54	0.18	14.81	21.81	0.65	0.01	0.21	99.40	46	43	11
	Cpx	50.80	0.97	3.79	8.40	0.17	15.93	18.25	0.65	0.01	0.22	99.19	39	47	14
	Opx	53.17	0.25	2.13	15.15	0.26	27.38	1.02	0.01	0.03	0.09	99.49	2	74	24
	Opx	52.88	0.33	2.14	15.33	0.32	27.18	1.14	0.04	0.03	0.07	99.46	2	74	24
	Cpx	50.75	0.67	3.28	9.31	0.18	16.84	16.88	0.41	0.01	0.17	98.50	35	49	16
	Cpx	50.42	0.85	3.74	7.46	0.15	15.56	19.88	0.60	0.01	0.22	98.89	42	46	13
	Opx	53.23	0.24	1.93	14.44	0.33	27.83	1.02	N.D.	0.00	0.11	99.13	2	76	22
	Opx	52.68	0.24	2.04	14.96	0.30	27.36	1.36	0.08	0.01	0.08	99.11	3	74	23
	Cpx	51.58	0.51	2.95	6.69	0.12	15.24	21.69	0.61	N.D.	0.14	99.53	45	44	11
	Cpx	49.87	0.92	3.85	7.28	0.15	14.94	20.84	0.57	N.D.	0.26	98.68	44	44	12
	Opx	53.42	0.12	1.79	15.32	0.36	27.71	0.70	0.01	0.01	0.11	99.55	1	75	24
	Cpx	51.84	0.26	2.66	6.82	0.16	15.19	21.34	0.65	0.00	0.08	99.00	45	44	11
	Cpx	50.39	1.09	4.35	6.94	0.17	14.24	21.18	0.81	0.00	0.26	99.43	46	43	12
	Cpx	50.98	0.85	3.48	6.19	0.14	15.37	20.88	0.66	0.01	0.20	98.76	44	45	10
	Opx	53.45	0.10	1.71	14.65	0.32	27.92	1.09	0.05	N.D.	0.03	99.32	2	75	23
	Cpx	50.60	0.94	3.88	6.91	0.14	14.84	20.97	0.63	0.13	0.26	99.30	45	44	12
辉石岩 XH20-2	Opx	53.60	0.23	1.69	15.88	0.41	26.27	1.05	0.05	0.01	N.D.	99.19	2	73	25
	Opx	53.35	0.30	2.10	15.88	0.40	25.41	1.64	0.05	0.00	0.01	99.14	3	71	26
	Cpx	50.50	0.86	3.72	7.32	0.23	14.40	21.53	0.59	0.00	0.08	99.23	45	42	12
	Cpx	52.08	0.44	2.18	5.69	0.18	15.17	22.72	0.35	0.01	0.19	99.01	47	44	9
	Cpx	49.16	1.20	4.59	8.07	0.22	13.96	20.96	0.65	0.01	0.03	98.85	45	41	14
	Cpx	52.25	0.32	1.79	7.38	0.28	14.46	22.54	0.44	0.00	0.03	99.49	46	41	12
辉石岩 06XH02-6	Opx	52.76	0.33	2.26	13.72	0.25	27.84	1.79	0.07	0.00	0.07	99.09	3	75	21
	Opx	53.20	0.24	2.51	13.66	0.29	28.86	0.46	0.03	0.01	0.05	99.31	1	78	21
	Opx	53.12	0.07	2.25	14.33	0.29	28.01	0.99	0.06	0.02	0.01	99.15	2	76	22
	Opx	54.62	0.03	0.51	12.55	0.23	30.69	0.33	0.00	0.01	0.05	99.02	1	81	19
	Opx	53.56	0.08	1.67	14.15	0.26	28.25	1.06	0.08	N.D.	0.01	99.12	2	76	22
	Cpx	52.94	0.17	1.58	6.14	0.16	15.41	22.12	0.61	0.03	0.13	99.29	46	44	10
	Cpx	52.92	0.21	1.58	6.26	0.15	15.43	21.92	0.71	0.02	0.10	99.30	45	44	10

续表 3-2

岩石类型 样品编号	矿物	SiO_2	TiO_2	Al_2O_3	FeO	MnO	MgO	CaO	Na_2O	K_2O	Cr_2O_3	总量	Wo (%)	En (%)	Fs (%)
辉长苏长岩 06XH02-7	Cpx	53.16	0.14	0.93	6.57	0.21	15.31	22.59	0.45	0.00	0.10	99.46	46	43	11
	Cpx	52.81	0.25	1.30	6.41	0.18	15.22	22.25	0.51	0.01	0.12	99.06	46	44	11
	Cpx	50.44	0.98	4.47	5.75	0.13	15.25	20.79	0.70	0.00	0.11	98.62	45	46	10
	Cpx	52.74	0.24	2.15	5.96	0.19	15.28	22.00	0.65	0.03	0.30	99.54	46	44	10
	Cpx	52.54	0.25	1.93	6.24	0.16	14.89	22.65	0.54	N.D.	0.27	99.47	47	43	10
	Cpx(Core)	51.55	0.46	2.99	5.50	0.13	17.16	19.98	0.44	0.01	0.98	99.20	41	49	9
	Cpx(Rim)	51.83	0.43	2.33	6.11	0.15	15.16	22.17	0.51	0.01	0.43	99.13	46	44	10
	Cpx	51.76	0.59	3.02	6.74	0.15	14.81	20.64	0.86	0.02	0.65	99.24	44	44	12
	Inc.	52.73	0.18	1.52	18.23	0.40	24.15	2.00	0.04	0.00	N.D.	99.25	4	67	29
	Inc.	52.31	0.13	1.43	19.99	0.46	24.61	0.46	0.01	0.01	0.02	99.43	1	68	32
	Cpx	52.40	0.44	2.36	6.85	0.17	14.99	21.42	0.65	0.05	0.12	99.45	45	44	11
辉长岩 06XH01-2	Cpx	50.18	1.17	4.29	9.14	0.24	14.08	19.68	0.50	0.02	0.01	99.31	42	42	16
	Cpx	49.83	1.15	4.64	7.25	0.19	13.85	21.45	0.67	0.01	0.00	99.04	46	41	12
	Cpx	50.90	1.08	4.21	6.95	0.22	13.66	22.23	0.51	0.01	N.D.	99.77	47	41	12
	Cpx	53.79	0.09	0.60	6.01	0.30	14.45	24.15	0.21	N.D.	N.D.	99.60	49	41	10
辉长苏长岩 XH33-3	Cpx(Core)	51.99	0.52	3.13	7.47	N.A.	15.31	21.15	0.43	0.02	N.A.	100.02	44	44	12
	Cpx(Rim)	52.91	0.41	2.66	6.93	N.A.	16.80	20.15	0.34	0.01	N.A.	100.20	41	48	11
	Cpx(Rim)	51.63	0.54	2.74	8.95	N.A.	14.08	20.36	0.55	0.01	N.A.	98.84	43	42	15
	Opx	54.13	0.20	1.48	18.39	N.A.	25.05	1.63	0.03	0.00	N.A.	100.91	3	69	28
	Opx	53.69	0.32	1.41	18.51	N.A.	24.89	1.46	0.04	N.D.	N.A.	100.32	3	69	29
	Opx	53.78	0.31	1.63	19.08	N.A.	24.74	1.50	0.02	N.D.	N.A.	101.05	3	68	29
	Opx	53.79	0.39	1.51	18.81	N.A.	24.35	1.19	0.03	N.D.	N.A.	100.07	2	68	30
	Cpx	52.01	0.49	2.50	8.85	N.A.	14.79	20.70	0.47	0.00	N.A.	99.80	43	43	14
	Cpx	51.96	0.80	2.74	9.73	N.A.	14.80	20.04	0.49	0.01	N.A.	100.57	42	43	16
	Cpx(Core)	54.62	0.18	1.24	17.84	N.A.	25.36	1.17	0.04	0.01	N.A.	100.46	2	70	28
	Cpx(Rim)	53.48	0.29	1.52	19.42	N.A.	24.24	0.66	N.D.	N.D.	N.A.	99.62	1	68	31
	Cpx(Rim)	52.41	0.69	2.56	8.01	N.A.	14.98	20.92	0.46	N.D.	N.A.	100.02	44	43	13
	Cpx(Core)	52.34	0.67	2.66	6.56	N.A.	15.76	21.43	0.42	0.01	N.A.	99.84	44	45	11
	Cpx	51.53	0.61	2.71	8.55	N.A.	14.82	20.76	0.47	0.00	N.A.	99.45	43	43	14
	Cpx	51.92	0.72	2.77	8.81	N.A.	14.56	20.66	0.52	N.D.	N.A.	99.95	43	42	14
橄榄辉长苏长岩脉 XH11-5	Cpx	50.80	1.21	4.39	7.75	0.17	14.47	20.41	0.56	0.01	0.07	99.84	44	43	13
	Cpx	49.75	1.25	4.35	9.73	0.21	15.93	17.83	0.45	N.D.	N.D.	99.50	37	46	16
	Opx	53.76	0.10	1.78	15.02	0.30	27.48	1.02	0.01	N.D.	0.05	99.52	2	75	23
	Cpx	50.10	1.34	4.75	7.67	0.13	14.07	20.56	0.58	N.D.	0.10	99.30	44	42	13
	Cpx	50.07	1.33	4.80	7.77	0.15	14.13	20.45	0.55	0.01	0.36	99.62	44	42	13
	Cpx	49.89	1.51	4.97	7.57	0.16	14.05	20.54	0.58	0.01	0.02	99.30	45	42	13
	Cpx	50.93	1.22	4.31	6.82	0.24	13.79	21.52	0.56	N.D.	0.18	99.57	47	42	12

续表 3－2

岩石类型 样品编号	矿物	SiO_2	TiO_2	Al_2O_3	FeO	MnO	MgO	CaO	Na_2O	K_2O	Cr_2O_3	总量	Wo (%)	En (%)	Fs (%)
淡色辉长岩 XH44－5	Cpx	50.13	1.12	4.06	9.40	N.A.	13.66	20.59	0.58	N.D.	N.A.	99.54	44	40	16
	Cpx	51.28	0.88	3.22	9.80	N.A.	13.72	20.50	0.45	0.01	N.A.	99.86	43	40	16
	Cpx	51.54	0.62	2.73	9.63	N.A.	14.05	20.30	0.50	0.01	N.A.	99.37	43	41	16
	Cpx	51.20	0.68	2.94	9.85	N.A.	13.81	20.54	0.41	0.00	N.A.	99.42	43	41	16
	Cpx	50.07	1.04	3.83	8.92	N.A.	13.33	21.46	0.37	0.01	N.A.	99.03	46	39	15
	Opx	52.44	0.33	1.60	21.02	N.A.	22.31	1.40	0.03	N.D.	N.A.	99.13	3	64	34
	Opx	53.05	0.29	1.39	20.99	N.A.	22.57	0.90	0.02	0.02	N.A.	99.22	2	65	34
	Opx	52.61	0.65	1.56	20.18	N.A.	23.13	1.16	0.04	0.01	N.A.	99.35	2	66	32
淡色辉长岩 XH45－4	Cpx(Core)	51.83	0.41	2.03	9.64	N.A.	14.13	20.54	0.41	0.01	N.A.	98.99	43	41	16
	Cpx(Rim)	51.47	0.72	2.60	8.16	N.A.	14.71	21.08	0.37	0.01	N.A.	99.11	44	43	13
	Cpx(Rim)	51.99	0.50	1.88	7.95	N.A.	15.04	21.16	0.41	0.01	N.A.	98.94	44	43	13
	Cpx	51.58	0.82	2.97	8.04	N.A.	15.01	20.46	0.46	0.01	N.A.	99.34	43	44	13
	Cpx	52.03	0.42	1.77	8.68	N.A.	14.46	20.89	0.35	0.00	N.A.	98.61	44	42	14
	Cpx	51.39	0.66	2.79	10.23	N.A.	13.54	19.95	0.49	N.D.	N.A.	99.03	43	40	17
	Cpx	51.63	0.39	1.90	8.36	N.A.	13.00	22.24	0.42	N.D.	N.A.	97.94	47	39	14
	Cpx	51.98	0.64	2.12	8.56	N.A.	13.18	22.41	0.43	0.03	N.A.	99.35	47	39	14
	Cpx	51.39	0.38	2.43	8.78	N.A.	12.99	22.18	0.47	N.D.	N.A.	98.62	47	38	15
	Cpx	52.77	0.13	1.34	9.28	N.A.	13.68	21.55	0.36	0.02	N.A.	99.13	45	40	15
	Cpx	51.83	0.69	2.78	7.74	N.A.	13.77	22.40	0.49	0.00	N.A.	99.70	47	40	13
二长岩 XH32－2 斑晶	Cpx	51.68	0.36	1.94	9.66	0.32	15.56	19.10	0.47	0.01	0.27	99.37	39	45	16
	Cpx	50.51	0.65	3.53	9.25	0.24	15.10	18.80	0.70	0.04	0.81	99.63	40	44	16
	Opx	52.18	0.20	1.99	20.82	0.48	23.02	0.61	0.07	N.D.	0.31	99.68	1	65	34
	Opx	52.17	0.16	1.37	22.16	0.62	22.15	0.55	N.D.	0.01	0.21	99.40	1	63	36
	Cpx	51.07	0.65	2.76	8.91	0.27	14.49	20.73	0.68	0.00	0.14	99.70	43	42	15
	Cpx	51.90	0.65	2.55	8.78	0.25	14.03	20.59	0.60	0.01	0.00	99.36	44	41	15
	Opx	51.91	0.15	1.23	22.87	0.76	21.63	0.95	0.04	N.D.	0.05	99.59	2	61	37
	Cpx	51.46	0.53	2.32	8.70	0.26	13.35	21.60	0.60	0.01	0.31	99.14	46	39	15
	Opx	52.06	0.21	1.66	23.76	0.76	20.57	0.66	0.01	N.D.	0.20	99.89	1	59	40
	Cpx	52.26	0.52	2.14	9.28	0.24	13.71	20.76	0.64	0.04	N.D.	99.59	44	40	16
	Cpx	51.14	0.81	1.92	9.78	0.22	13.64	21.30	0.55	N.D.	N.D.	99.36	44	39	16
	Cpx	51.51	0.72	3.12	9.03	0.24	13.98	19.71	0.83	0.12	0.06	99.32	42	42	16
	Opx	52.08	0.12	0.73	23.73	0.81	21.25	0.58	N.D.	N.D.	N.D.	99.30	1	60	39
	Cpx	52.92	0.42	2.03	7.77	0.19	14.23	21.58	0.52	0.02	0.00	99.68	45	42	13
	Opx	51.35	0.40	1.13	23.71	0.70	20.67	1.48	0.07	N.D.	0.01	99.52	3	58	39

续表 3-2

岩石类型 样品编号	矿物	SiO_2	TiO_2	Al_2O_3	FeO	MnO	MgO	CaO	Na_2O	K_2O	Cr_2O_3	总量	Wo (%)	En (%)	Fs (%)
二长岩 XH32-2 基质	Cpx	52.09	0.47	1.82	9.65	0.28	12.99	21.21	0.60	0.00	N. D.	99.11	45	38	16
	Opx	52.63	0.14	0.61	24.14	0.70	20.94	0.62	0.00	N. D.	N. D.	99.78	1	59	39
	Opx	52.74	0.26	0.80	24.25	0.65	20.72	0.52	0.03	0.02	N. D.	99.99	1	59	40
	Opx	51.45	0.18	0.74	24.27	0.68	21.33	0.73	0.02	0.01	N. D.	99.41	1	59	39
	Opx	51.91	0.16	0.68	23.76	0.69	21.52	0.65	N. D.	0.00	0.02	99.39	1	60	38
	Opx	52.26	0.21	0.76	23.57	0.74	21.24	0.65	N. D.	N. D.	N. D.	99.43	1	60	39
	Opx	52.02	0.24	0.77	23.75	0.66	21.32	1.07	0.04	N. D.	N. D.	99.87	2	60	38
	Opx	51.92	0.13	0.56	23.91	0.76	21.12	0.96	0.02	0.03	N. D.	99.41	2	59	39
	Cpx	52.62	0.36	1.88	9.48	0.29	13.29	21.05	0.69	N. D.	0.07	99.73	45	39	16
	Opx	51.79	0.19	0.83	24.09	0.78	21.26	0.66	0.03	0.00	0.01	99.64	1	60	39
二长岩 06XH02-2	Cpx	51.33	0.53	2.16	10.36	0.38	12.65	21.01	0.73	N. D.	N. D.	99.15	45	37	18
	Cpx	51.14	0.44	2.41	10.34	0.41	13.01	20.60	0.70	0.11	N. D.	99.16	44	38	18
	Opx	51.90	0.07	0.48	24.03	0.70	21.49	0.38	0.01	N. D.	0.03	99.09	1	60	39
	Cpx	51.61	0.52	2.64	7.96	0.26	14.32	20.48	0.80	0.06	0.48	99.13	44	43	14
	Cpx	50.05	0.80	4.44	8.91	0.20	14.10	19.39	1.06	0.12	0.37	99.44	42	43	15
	Cpx	48.67	1.29	6.41	11.14	0.14	14.11	15.27	1.40	0.54	0.45	99.42	35	45	20
	Cpx	51.91	0.24	1.39	9.23	0.31	13.84	21.09	0.62	0.06	0.12	98.81	44	40	16
	Cpx	51.27	0.40	2.15	9.08	0.25	14.05	21.28	0.58	N. D.	N. D.	99.06	44	41	15
	Cpx	50.35	0.81	3.77	10.28	0.27	13.52	18.90	1.04	0.14	0.31	99.39	41	41	18
	Cpx	52.25	0.23	1.65	9.34	0.34	13.59	21.37	0.51	0.05	0.07	99.40	45	40	16
	Cpx	51.52	0.33	2.09	9.53	0.32	13.52	21.26	0.61	0.05	0.02	99.25	45	39	16
辉石岩中 闪长质包体	Cpx	49.82	1.33	5.03	8.88	N. A.	14.01	20.58	0.62	0.01	N. A.	100.26	44	41	15
	Cpx	49.53	1.35	5.64	8.37	N. A.	13.41	20.99	0.68	N. D.	N. A.	99.98	45	40	14
辉长岩中 闪长质包体	Opx	52.39	0.06	0.74	21.74	0.78	23.66	0.32	0.03	N. D.	N. D.	99.72	1	65	35
	Opx	53.56	0.19	1.08	22.31	N. A.	22.39	0.57	0.02	0.01	N. A.	100.14	1	63	35
	Opx	53.13	0.17	1.35	21.82	N. A.	22.63	0.71	0.03	N. D.	N. A.	99.82	1	64	35
	Opx	53.25	0.16	0.95	21.86	N. A.	22.39	0.60	0.02	0.01	N. A.	99.23	1	64	35
	Opx	53.00	0.20	1.09	21.78	N. A.	22.57	0.72	0.00	0.01	N. A.	99.37	1	64	35
	Opx	53.51	0.16	0.91	21.17	N. A.	22.64	0.48	0.03	0.01	N. A.	98.91	1	65	34
	Opx	53.52	0.13	1.10	21.94	N. A.	22.07	0.49	0.02	0.02	N. A.	99.30	1	64	35
	Opx	53.49	0.11	0.92	21.76	N. A.	22.73	0.52	N. D.	0.01	N. A.	99.53	1	64	35
淡色辉长岩中 闪长质包体	Opx	51.90	0.28	1.48	22.90	N. A.	21.19	0.75	0.01	0.00	N. A.	98.52	2	61	37
	Opx	53.23	0.14	0.85	21.97	N. A.	22.06	0.54	0.01	0.00	N. A.	98.79	1	63	35
	Opx	52.56	0.36	1.60	22.22	N. A.	21.76	0.67	0.04	0.01	N. A.	99.20	1	63	36

Opx. 斜方辉石；Cpx. 单斜辉石；Inc. 斜长石中的斜方辉石包裹物；N. D. 低于探测限；N. A. 没有测试；Core. 核部；Rim. 边部。

三、黑云母

辉长岩类、淡色辉长岩类、二长岩类、闪长质包体以及角闪辉长伟晶岩中的黑云母成分基本相当，与此相比，辉石岩类与橄榄辉长苏长岩脉中的黑云母具有较高的 MgO 含量及较低的 FeO 含量(表 3－3)。

表 3－3　小河口杂岩体黑云母电子探针数据

岩石类型及样品编号	SiO_2	TiO_2	Al_2O_3	FeO	MnO	MgO	CaO	Na_2O	K_2O	Cr_2O_3	总量
辉石岩 XH20－2	39.07	3.58	15.59	10.09	0.01	18.96	0.07	1.31	7.50	0.04	96.22
	36.53	5.69	14.74	11.46	0.06	16.32	0.11	0.40	9.08	0.06	94.45
	36.49	5.33	15.01	11.21	0.06	16.63	N. D.	0.53	8.95	0.03	94.24
辉石岩 06XH02－6	37.94	3.52	15.28	11.14	0.03	18.41	0.07	0.44	9.07	0.21	96.11
辉长苏长岩 06XH02－7	38.61	5.35	14.42	13.08	0.04	16.43	N. D.	0.14	9.37	0.30	97.74
辉长岩 06XH01－2	38.43	4.36	15.00	14.41	0.09	15.36	0.00	0.24	9.37	N. D.	97.26
	37.32	4.21	15.20	14.84	0.14	15.12	0.04	0.20	8.96	N. D.	96.03
辉长岩 XH33－3	37.75	3.81	14.77	13.09	N. A.	15.62	0.01	0.14	9.76	N. A.	94.94
角闪辉长伟晶岩 XH24	38.22	5.44	13.78	11.23	0.06	17.29	N. D.	0.26	9.34	0.01	95.63
	38.12	5.17	13.98	12.85	0.08	16.34	0.04	0.23	9.34	0.03	96.18
橄榄辉长苏长岩脉 XH11－5	38.31	4.65	16.27	8.52	0.00	19.21	0.05	0.24	9.69	0.16	97.10
淡色辉长岩 XH44－5	37.09	5.33	14.07	14.45	N. A.	14.65	0.00	0.10	9.86	N. A.	95.55
	37.56	4.68	14.37	11.20	N. A.	16.33	0.01	0.03	10.32	N. A.	94.48
淡色辉长岩 06XH03－1	38.11	3.28	15.30	11.34	N. A.	17.14	0.02	0.57	8.64	N. A.	94.40
	38.05	3.02	15.16	10.76	N. A.	17.35	0.07	0.35	9.15	N. A.	93.91
淡色辉长岩 XH45－4	38.22	4.70	13.44	13.27	N. A.	15.22	0.04	0.10	9.84	N. A.	94.82
	36.85	4.67	13.81	15.22	N. A.	13.92	0.02	0.11	9.58	N. A.	94.16
	37.84	4.26	13.71	11.80	N. A.	15.76	0.02	0.07	10.12	N. A.	93.57
二长岩 XH32－2 斑晶	37.91	4.77	13.15	12.75	0.07	16.13	0.04	0.09	9.73	0.14	94.78
	37.49	4.54	13.06	13.45	0.08	15.77	0.04	0.13	9.71	N. D.	94.27
	38.27	4.52	13.28	13.18	0.04	16.03	N. D.	0.15	9.55	0.03	95.05
二长岩 XH32－2 基质	37.84	5.20	12.94	13.48	0.04	15.26	0.03	0.13	9.54	0.04	94.50
辉石岩中闪长质包体	36.37	4.02	15.88	11.36	N. A.	15.53	0.05	0.54	9.16	N. A.	92.89
辉长岩中闪长质包体	38.43	4.92	14.47	13.43	0.09	15.34	0.02	0.21	9.45	0.02	96.38
	38.53	4.24	14.23	13.19	0.02	16.04	N. D.	0.21	9.28	0.03	95.77
	37.53	4.40	14.58	13.81	N. A.	14.60	0.04	0.21	9.53	N. A.	94.69
	37.43	4.43	14.28	14.71	N. A.	14.21	0.07	0.25	9.45	N. A.	94.83
	36.75	5.06	14.30	14.77	N. A.	13.92	0.02	0.23	9.31	N. A.	94.36
	37.02	4.69	14.00	14.73	N. A.	14.02	0.03	0.18	9.59	N. A.	94.26
淡色辉长岩中闪长质包体	37.46	5.55	13.87	14.92	N. A.	13.61	0.07	0.05	9.84	N. A.	95.36
	36.72	5.35	14.38	14.43	N. A.	14.01	0.04	0.02	9.71	N. A.	94.66

N. D. 低于探测限；N. A. 没有测试。

四、斜长石

斜长石的成分在各类岩石中变化较大，其中辉石岩类中的斜长石的钙长石 An 端元组分变化范围为 29～59，在辉长岩类中的变化范围为 24～71，在淡色辉长岩类中的变化范围为 38～63，在二长岩类中的变化范围为 26～58，在闪长质包体中的变化范围为 41～71（图 3-2，表 3-4）。如果去除辉长苏长岩样品 06XH02-7 中的斜长石（$An_{24\sim30}$），则辉长岩类中斜长石的钙长石 An 端元组分变化范围为 46～71。第一组淡色辉长岩类中斜长石核部（$An_{54\sim57}$）与边部（$An_{39\sim44}$）和第二组淡色辉长岩类中的斜长石核部（$An_{58\sim65}$）与边部（$An_{53\sim56}$）差别较大（图 3-2）。二长岩类中的环状斜长石具有牌号为 43～58 的核部与牌号为 26～33 的边部，边部的斜长石牌号与斑状二长岩基质斜长石牌号（$An_{26\sim33}$）相当。橄榄辉长苏长岩脉中的斜长石牌号变化于 54～67 之间，角闪辉长伟晶岩中的斜长石牌号变化于 36～52 之间。

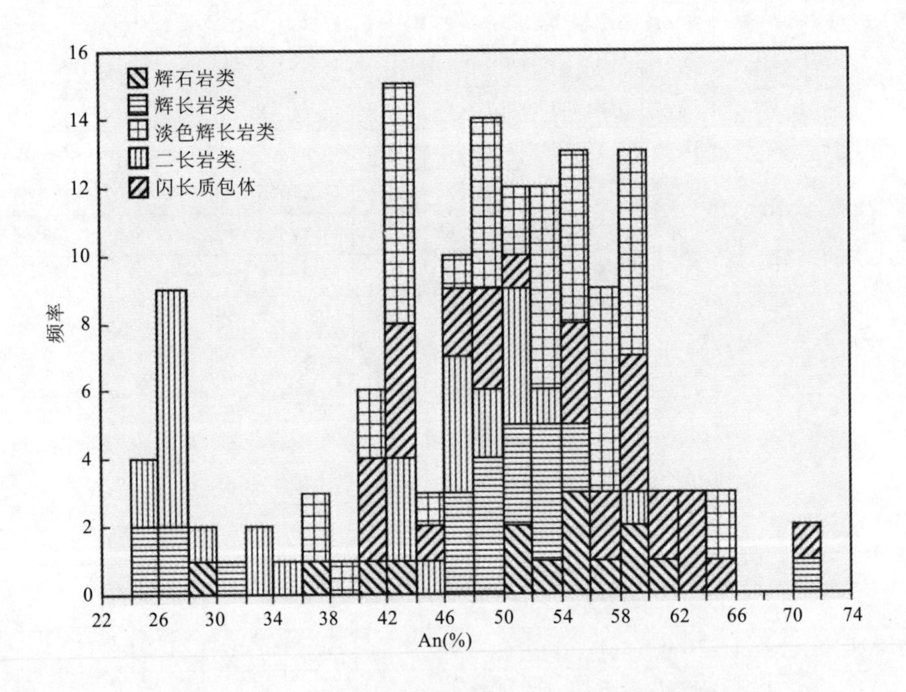

图 3-2 小河口杂岩体各种岩石类型中斜长石成分对比图

表 3-4 小河口杂岩体长石电子探针数据

岩石类型 样品编号	矿物	SiO_2	TiO_2	Al_2O_3	FeO	MgO	CaO	Na_2O	K_2O	SrO	总量	An(%)
辉石岩 06XH03-2	斜长石	56.67	0.05	26.19	0.13	0.02	8.64	6.54	0.19	0.60	99.03	42
	斜长石	56.50	0.06	26.10	0.15	0.04	8.89	6.51	0.20	0.55	99.00	43
	斜长石	54.01	0.11	28.35	0.17	0.01	11.26	5.22	0.07	0.63	99.83	54
	环带	54.20	0.08	27.83	0.16	0.03	10.38	5.61	0.06	0.67	99.02	50
	斜长石	57.80	0.05	25.66	0.13	0.03	7.82	7.01	0.09	0.63	99.22	38
	斜长石	53.78	0.10	28.35	0.16	0.01	11.07	5.17	0.07	0.58	99.29	54

续表 3-4

岩石类型 样品编号	矿物	SiO_2	TiO_2	Al_2O_3	FeO	MgO	CaO	Na_2O	K_2O	SrO	总量	An (%)
辉石岩 XH20-2	斜长石	53.39	0.07	28.84	0.22	N.D.	12.06	4.69	0.10	N.A.	99.36	58
	斜长石	52.21	0.10	29.34	0.16	0.02	12.71	4.29	0.08	N.A.	98.91	62
	斜长石	54.65	0.01	27.76	0.19	N.D.	11.01	5.27	0.12	N.A.	99.00	53
	斜长石	54.34	0.04	28.78	0.11	0.02	11.73	4.75	0.07	N.A.	99.84	57
	斜长石	55.47	0.05	27.73	0.22	0.02	10.49	5.35	0.08	N.A.	99.40	52
	斜长石	54.13	0.03	28.05	0.22	0.01	11.45	4.83	0.31	N.A.	99.03	56
	斜长石	53.77	0.07	28.61	0.13	0.04	11.85	4.45	0.18	N.A.	99.10	59
辉石岩 06XH02-6	斜长石	60.65	0.04	24.05	0.12	0.03	6.09	7.99	0.39	0.55	99.91	29
辉长苏长岩 06XH02-7	斜长石	61.92	0.02	23.26	0.19	0.01	5.02	8.67	0.19	0.60	99.88	24
	斜长石	61.11	0.04	23.68	0.22	0.02	5.39	8.47	0.21	0.56	99.70	26
	斜长石	59.89	0.09	24.32	0.15	0.03	6.40	7.93	0.31	0.59	99.71	30
	斜长石	61.28	0.04	23.54	0.14	0.01	5.53	8.40	0.37	0.55	99.86	26
	斜长石	60.51	0.05	23.76	0.14	0.02	5.80	8.26	0.54	0.55	99.63	27
辉长岩 06XH01-2	斜长石	51.44	0.03	30.71	0.34	0.04	13.81	3.16	0.05	N.A.	99.58	71
	斜长石	54.96	0.03	28.17	0.06	0.02	10.98	4.96	0.08	N.A.	99.26	55
	斜长石	56.43	0.04	27.60	0.15	0.04	10.31	5.18	0.06	N.A.	99.81	52
	斜长石	55.83	0.04	27.68	0.11	0.02	10.67	5.13	0.09	N.A.	99.57	53
	斜长石	54.75	0.06	27.94	0.15	0.02	10.87	5.24	0.09	N.A.	99.12	53
辉长岩 XH33-3	斜长石	56.39	0.01	26.92	0.07	0.01	9.54	5.72	0.27	N.A.	98.94	47
	斜长石	55.70	N.D.	27.47	0.32	0.01	10.35	5.22	0.21	N.A.	99.26	52
	斜长石	54.96	0.09	28.04	0.27	0.01	11.02	4.88	0.31	N.A.	99.58	55
	斜长石	56.82	0.01	26.68	0.20	0.02	9.60	5.57	0.35	N.A.	99.25	48
	斜长石	55.42	0.04	27.48	0.31	N.D.	10.38	5.11	0.26	N.A.	99.00	52
	斜长石	56.21	0.12	27.09	0.26	0.01	9.93	5.52	0.31	N.A.	99.46	49
	斜长石	56.02	0.12	26.75	0.28	N.D.	9.84	5.42	0.31	N.A.	98.74	49
	斜长石	56.55	0.01	27.33	0.23	0.02	9.94	5.56	0.22	N.A.	99.85	49
	斜长石	55.53	N.D.	27.75	0.16	N.D.	10.49	5.23	0.23	N.A.	99.39	52
	斜长石	55.99	0.02	27.21	0.18	0.02	10.02	5.40	0.29	N.A.	99.13	50
	斜长石	55.79	0.08	27.16	0.23	0.02	10.21	5.16	0.42	N.A.	99.07	51
	斜长石	57.15	N.D.	26.60	0.23	0.03	9.39	5.73	0.39	N.A.	99.52	46

续表 3-4

岩石类型 样品编号	矿物	SiO_2	TiO_2	Al_2O_3	FeO	MgO	CaO	Na_2O	K_2O	SrO	总量	An (%)
橄榄辉长苏长岩脉 XH11-5	斜长石	54.10	0.10	28.45	0.12	0.05	11.60	4.70	0.16	N. A.	99.28	57
	斜长石	54.49	0.10	28.28	0.33	0.03	11.15	4.86	0.10	N. A.	99.34	56
	斜长石	54.50	0.10	28.62	0.27	0.04	11.09	4.86	0.12	N. A.	99.60	55
	斜长石	53.52	0.08	28.83	0.25	0.05	12.02	4.58	0.12	N. A.	99.45	59
	斜长石	53.93	0.08	28.69	0.09	0.02	11.64	4.67	0.14	N. A.	99.26	58
	斜长石	54.21	0.09	28.51	0.06	0.03	11.32	4.79	0.11	N. A.	99.12	56
	斜长石	54.64	0.09	28.08	0.13	0.05	11.11	5.05	0.15	N. A.	99.30	54
	斜长石	53.94	0.12	28.60	0.24	0.03	11.57	4.70	0.17	N. A.	99.37	57
	斜长石	54.00	0.07	28.78	0.16	0.04	11.79	4.50	0.22	N. A.	99.56	58
	斜长石	54.09	0.08	28.42	0.18	0.04	11.59	4.66	0.20	N. A.	99.26	57
	斜长石	54.47	0.09	28.57	0.16	0.03	11.36	4.78	0.17	N. A.	99.63	56
	斜长石	53.95	0.09	28.88	0.18	0.05	11.71	4.52	0.14	N. A.	99.52	58
	斜长石	52.02	0.08	30.21	0.14	0.04	13.47	3.50	0.21	N. A.	99.67	67
	斜长石	53.07	0.10	29.17	0.13	0.06	12.31	4.22	0.20	N. A.	99.26	61
	斜长石	53.91	0.09	28.87	0.15	0.05	11.81	4.45	0.16	N. A.	99.49	59
	斜长石	54.57	0.24	27.94	0.26	0.03	11.01	4.88	0.35	N. A.	99.28	54
角闪辉长伟晶岩 XH24	斜长石	59.66	0.06	25.03	0.06	0.04	7.32	6.93	0.24	N. A.	99.34	36
	斜长石	55.80	0.06	27.59	0.12	0.04	10.43	5.24	0.15	N. A.	99.43	52
淡色辉长岩 XH45-4	斜长石	54.73	N. D.	27.91	0.20	N. D.	11.09	4.79	0.32	N. A.	99.03	55
	斜长石	57.85	0.05	25.52	0.21	0.02	8.48	6.18	0.48	N. A.	98.79	42
	环带斜长石	54.69	0.08	28.09	0.27	N. D.	11.14	4.79	0.31	N. A.	99.36	55
		56.81	0.09	25.79	0.22	0.03	8.70	6.15	0.38	N. A.	98.15	43
	斜长石	57.56	0.06	26.01	0.29	N. D.	8.63	5.82	0.48	N. A.	98.84	44
	斜长石	57.10	0.07	26.11	0.31	N. D.	8.81	5.94	0.41	N. A.	98.75	44
	斜长石	56.04	0.10	26.81	0.24	N. D.	9.72	5.38	0.36	N. A.	98.65	49
	斜长石	58.89	0.03	24.94	0.19	0.01	7.57	6.64	0.34	N. A.	98.61	38
	钾长石	63.03	0.10	18.50	0.08	N. D.	0.08	1.30	14.37	N. A.	97.46	
	环带斜长石	54.09	N. D.	28.41	0.27	0.01	11.41	4.58	0.31	N. A.	99.08	57
		55.89	0.08	27.08	0.30	0.01	10.04	5.34	0.39	N. A.	99.12	50
		57.53	0.01	25.75	0.21	N. D.	8.61	6.12	0.40	N. A.	98.62	43
	斜长石	57.53	0.04	26.26	0.22	N. D.	9.05	5.81	0.43	N. A.	99.34	45
	斜长石	58.58	0.15	25.11	0.18	0.01	7.65	6.61	0.47	N. A.	98.75	38
	斜长石	55.75	0.01	27.10	0.15	0.01	9.89	5.36	0.29	N. A.	98.55	50

续表 3-4

岩石类型 样品编号	矿物	SiO_2	TiO_2	Al_2O_3	FeO	MgO	CaO	Na_2O	K_2O	SrO	总量	An (%)
淡色辉长岩 XH45-4	环带斜长石	54.09	N.D.	28.41	0.27	0.01	11.41	4.58	0.31	N.A.	99.08	57
		55.89	0.08	27.08	0.30	0.01	10.04	5.34	0.39	N.A.	99.12	50
		57.53	0.01	25.75	0.21	N.D.	8.61	6.12	0.40	N.A.	98.62	43
	斜长石	57.53	0.04	26.26	0.22	N.D.	9.05	5.81	0.43	N.A.	99.34	45
	环带斜长石	53.91	0.13	28.51	0.27	0.01	11.61	4.60	0.28	N.A.	99.30	57
		58.21	0.05	25.55	0.20	0.02	8.21	6.14	0.48	N.A.	98.86	41
	斜长石	54.87	0.09	28.15	0.20	0.01	11.05	4.50	0.27	N.A.	99.13	57
	环带斜长石	54.39	0.18	27.57	0.24	0.00	10.79	4.95	0.32	N.A.	98.44	54
		57.46	N.D.	25.96	0.17	0.01	8.71	5.91	0.46	N.A.	98.68	44
		58.27	0.05	25.10	0.14	0.00	7.79	6.43	0.48	N.A.	98.26	39
	斜长石	56.47	0.11	26.60	0.35	0.01	9.42	5.52	0.36	N.A.	98.83	47
	斜长石	54.78	0.15	27.60	0.27	N.D.	10.77	4.89	0.37	N.A.	98.82	54
	斜长石	58.28	0.00	25.76	0.17	0.01	8.27	5.89	0.54	N.A.	98.93	42
	斜长石	57.65	0.21	25.81	0.24	0.00	8.76	6.09	0.46	N.A.	99.21	43
淡色辉长岩 06XH03-1	斜长石	54.82	0.08	27.77	0.19	0.01	10.78	5.20	0.23	N.A.	99.07	53
	斜长石	52.49	N.D.	29.52	0.10	0.01	12.93	3.84	0.16	N.A.	99.05	64
	斜长石	55.89	N.D.	28.09	0.23	0.01	10.56	5.16	0.10	N.A.	100.04	53
	环带斜长石	55.38	N.D.	27.98	0.08	0.01	10.72	5.09	0.26	N.A.	99.52	53
		52.16	0.11	29.87	0.13	0.01	13.14	3.88	0.18	N.A.	99.47	65
	斜长石	55.55	N.D.	27.92	0.17	0.02	10.59	5.11	0.26	N.A.	99.61	53
	斜长石	54.52	0.03	28.80	0.08	N.D.	11.56	4.68	0.22	N.A.	99.89	57
	斜长石	54.21	0.04	28.65	0.24	0.03	11.63	4.58	0.14	N.A.	99.51	58
	环带斜长石	55.02	N.D.	28.29	0.17	0.02	11.07	4.70	0.25	N.A.	99.52	56
		53.67	N.D.	28.73	0.15	0.01	11.66	4.46	0.23	N.A.	98.91	58
		53.05	0.11	29.01	0.17	0.01	11.99	4.34	0.17	N.A.	98.83	60
	斜长石	56.09	0.01	27.37	0.18	0.00	10.14	5.11	0.35	N.A.	99.25	51
淡色辉长岩 XH44-5	斜长石	53.76	0.04	28.01	0.29	0.01	11.58	4.57	0.31	N.A.	98.55	57
	斜长石	53.36	0.06	28.37	0.28	0.01	11.90	4.49	0.31	N.A.	98.78	58
	斜长石	55.72	0.02	27.07	0.18	0.01	10.15	5.19	0.40	N.A.	98.74	51
	斜长石	54.24	0.06	27.99	0.32	0.03	11.41	4.82	0.33	N.A.	99.21	56
	斜长石	56.00	0.02	27.25	0.17	0.01	10.21	5.42	0.34	N.A.	99.42	50
	斜长石	53.24	0.00	28.75	0.34	0.02	11.99	4.30	0.31	N.A.	98.96	60

续表 3-4

岩石类型 样品编号	矿物	SiO_2	TiO_2	Al_2O_3	FeO	MgO	CaO	Na_2O	K_2O	SrO	总量	An(%)
淡色辉长岩 XH44-5	斜长石	56.07	0.05	26.98	0.30	0.01	9.86	5.22	0.44	N. A.	98.93	50
	斜长石	54.34	0.03	27.68	0.25	0.01	11.18	4.80	0.35	N. A.	98.64	55
	斜长石	53.21	0.07	28.80	0.32	0.01	11.99	4.24	0.29	N. A.	98.91	60
	斜长石	53.43	0.02	28.17	0.20	N. D.	11.65	4.50	0.24	N. A.	98.21	58
二长岩 06XH02-2	环带斜长石（核部）	55.78	0.07	26.99	0.18	0.04	9.25	6.17	0.32	0.60	99.40	45
		55.40	0.06	27.68	0.17	0.03	9.90	5.56	0.23	0.59	99.62	49
		54.55	0.08	28.11	0.18	0.02	10.87	5.29	0.20	0.56	99.86	53
		54.66	0.08	28.07	0.14	0.04	10.53	5.52	0.22	0.53	99.79	51
	斜长石	59.77	0.04	24.44	0.18	0.02	6.91	7.60	0.28	0.52	99.76	33
二长岩 XH32-2 斑晶	环带斜长石	53.93	0.09	28.35	0.13	0.05	11.89	4.61	0.22	N. A.	99.27	58
		56.78	0.05	26.70	0.09	0.01	9.62	5.75	0.30	N. A.	99.30	47
		57.86	0.02	26.18	0.09	0.04	8.79	6.20	0.35	N. A.	99.53	43
		56.48	0.05	26.99	0.10	0.03	9.77	5.59	0.29	N. A.	99.30	48
		56.75	0.07	26.84	0.09	0.02	9.85	5.77	0.29	N. A.	99.68	48
		55.66	0.04	27.56	0.13	0.01	10.54	5.27	0.24	N. A.	99.45	52
		57.90	0.05	26.20	0.11	0.03	8.84	6.28	0.23	N. A.	99.64	43
		62.11	0.05	23.19	0.17	0.04	5.57	8.17	0.30	N. A.	99.60	27
	环带斜长石	55.98	0.08	27.26	0.14	0.01	10.31	5.49	0.20	N. A.	99.47	50
		58.19	0.07	25.93	0.06	0.03	8.67	6.31	0.24	N. A.	99.50	43
		59.99	0.06	24.71	0.08	0.04	7.27	7.26	0.22	N. A.	99.63	35
	环带斜长石	62.37	0.01	23.18	0.11	0.01	5.37	8.14	0.36	N. A.	99.55	26
		61.63	0.08	23.72	0.11	0.02	5.89	7.80	0.41	N. A.	99.66	29
		55.90	0.12	27.58	0.09	0.01	10.36	5.45	0.19	N. A.	99.70	51
		57.21	0.09	26.59	0.12	0.04	9.34	5.82	0.26	N. A.	99.47	46
		56.41	0.12	26.95	0.18	0.03	9.65	5.82	0.20	N. A.	99.36	47
二长岩 XH32-2 基质	斜长石	61.95	0.05	23.23	0.19	0.02	5.59	8.28	0.28	N. A.	99.59	27
	钾长石	65.46	0.07	18.25	0.06	0.03	0.10	2.27	13.15	N. A.	99.39	—
	钾长石	65.07	0.10	18.10	0.06	0.02	0.13	1.79	13.87	N. A.	99.14	—
	钾长石	63.66	0.03	21.24	0.08	0.03	3.60	6.05	4.80	N. A.	99.49	—
	斜长石	60.67	0.05	24.03	0.07	0.02	6.69	7.44	0.26	N. A.	99.23	33

续表 3-4

岩石类型 样品编号	矿物	SiO_2	TiO_2	Al_2O_3	FeO	MgO	CaO	Na_2O	K_2O	SrO	总量	An (%)
二长岩 XH32-2 基质	斜长石	62.02	0.00	23.33	0.04	0.03	5.66	8.15	0.25	N. A.	99.48	27
	斜长石	62.14	0.06	23.33	0.07	0.02	5.54	8.09	0.31	N. A.	99.56	27
	斜长石	61.91	0.04	23.07	0.10	0.03	5.47	8.31	0.39	N. A.	99.32	26
	斜长石	62.04	0.06	23.06	0.18	0.05	5.26	8.21	0.40	N. A.	99.26	26
	斜长石	62.33	0.04	23.06	0.12	0.02	5.40	8.24	0.35	N. A.	99.56	26
	钾长石	65.25	0.10	18.40	N. D.	0.05	0.50	1.95	12.84	N. A.	99.09	
	钾长石	65.52	0.08	18.75	0.03	0.03	0.85	3.70	10.42	N. A.	99.38	
	斜长石	62.26	0.05	23.01	0.21	0.04	5.21	8.12	0.38	N. A.	99.28	26
	钾长石	64.98	0.07	18.24	0.05	0.02	0.09	1.40	14.35	N. A.	99.20	
辉石岩中 闪长质包体	斜长石	53.19	0.01	29.28	0.39	0.00	12.69	4.24	0.28	N. A.	100.08	61
	斜长石	52.56	0.17	29.67	0.37	0.02	12.95	3.98	0.23	N. A.	99.95	63
	斜长石	53.23	N. D.	29.22	0.28	0.01	12.54	4.02	0.30	N. A.	99.60	62
	斜长石	54.11	N. D.	28.89	0.29	0.02	11.77	4.45	0.33	N. A.	99.86	58
	斜长石	54.06	0.08	28.53	0.23	0.03	11.72	4.43	0.31	N. A.	99.39	58
	斜长石	54.66	0.02	28.57	0.28	0.01	11.64	4.55	0.35	N. A.	100.07	57
	斜长石	52.95	N. D.	29.60	0.23	0.01	12.85	4.08	0.27	N. A.	100.00	63
	斜长石	53.71	N. D.	28.73	0.31	0.01	12.00	4.32	0.30	N. A.	99.37	59
	斜长石	53.90	0.07	28.64	0.52	0.01	11.67	4.90	0.06	N. A.	99.77	57
	斜长石	53.63	0.06	28.90	0.16	N. D.	12.02	4.67	0.07	N. A.	99.49	59
	斜长石	54.58	0.03	28.09	0.17	0.01	11.16	5.07	0.08	N. A.	99.18	55
	斜长石	55.84	0.00	27.34	0.14	0.01	10.19	5.64	0.11	N. A.	99.27	50
	斜长石	51.92	0.04	29.70	0.28	N. D.	13.21	3.92	0.07	N. A.	99.14	65
	环带	50.30	0.03	30.85	0.25	N. D.	14.62	3.20	0.04	N. A.	99.27	71
	斜长石	53.24	N. D.	28.86	0.28	0.02	12.37	4.49	0.05	N. A.	99.32	60
辉长岩中 闪长质包体	斜长石	57.32	0.09	26.35	0.13	0.01	9.02	6.31	0.19	N. A.	99.42	44
	斜长石	57.42	0.01	25.90	0.24	0.01	8.49	6.39	0.21	N. A.	98.67	42
	斜长石	55.55	0.06	27.13	0.23	0.02	10.03	5.60	0.22	N. A.	98.84	49
	斜长石	57.61	0.06	26.20	0.21	N. D.	8.89	6.38	0.20	N. A.	99.54	43
	斜长石	57.30	0.04	26.21	0.43	0.24	8.74	6.34	0.23	N. A.	99.53	43
	斜长石	55.18	.06	27.44	0.37	0.03	10.46	5.38	0.19	N. A.	99.10	51
	斜长石	56.43	0.02	26.67	0.18	N. D.	9.42	5.89	0.22	N. A.	98.84	46
	斜长石	57.55	0.02	25.70	0.23	0.01	8.65	6.39	0.25	N. A.	98.79	42

续表 3-4

岩石类型 样品编号	矿物	SiO_2	TiO_2	Al_2O_3	FeO	MgO	CaO	Na_2O	K_2O	SrO	总量	An (%)
辉长岩中闪长质包体	斜长石	56.38	0.05	27.05	0.28	N. D.	9.60	5.81	0.18	N. A.	99.35	47
	斜长石	57.90	0.06	26.31	0.15	0.03	8.58	6.55	0.18	N. A.	99.76	42
	斜长石	57.87	0.07	26.18	0.16	0.02	8.37	6.51	0.24	N. A.	99.42	41
	斜长石	57.93	0.04	26.26	0.11	N. D.	8.99	5.97	0.16	N. A.	99.46	45
淡色辉长岩中闪长质包体	斜长石	55.66	0.03	26.96	0.22	0.01	9.95	5.44	0.44	N. A.	98.71	49
	斜长石	53.92	0.05	27.78	0.26	0.02	11.09	4.67	0.35	N. A.	98.13	56
	斜长石	53.91	0.06	27.51	0.29	N. D.	10.84	4.74	0.39	N. A.	97.74	55

N. D. 低于探测限；N. A. 没有测试。

五、角闪石

小河口杂岩体中各类角闪石均属于钙质角闪石，计算分子式得到的$(Na+K)_A$值大于0.5，主要包括绿钠闪石、普通角闪石和浅闪石。总体来说，镁铁质含量高的寄主岩里，角闪石的SiO_2含量较低，然而，由于作者研究工作所得的角闪石矿物成分数据较少，该分布规律不明显（表 3-5）。

表 3-5　小河口杂岩体角闪石电子探针数据

岩石类型 样品编号	SiO_2	TiO_2	Al_2O_3	FeO	MnO	MgO	CaO	Na_2O	K_2O	Cr_2O_3	总量	P* (GPa)
辉石岩 06XH03-2	42.72	3.13	11.33	9.38	0.07	15.70	11.70	2.58	1.20	0.23	98.04	0.62
	43.04	0.62	12.81	10.25	0.08	16.21	11.23	2.73	1.00	0.06	98.03	0.73
辉石岩 XH20-2	43.99	2.05	10.29	11.17	0.10	14.23	11.23	2.21	0.70	0.03	96.00	0.55
	44.88	1.52	9.93	11.21	0.13	14.53	11.46	1.94	0.74	0.02	96.36	0.52
角闪辉长伟晶岩 XH24	41.72	3.49	12.50	11.75	0.10	12.90	11.49	2.19	1.45	0.01	97.60	0.74
	41.17	4.48	12.37	11.64	0.11	12.48	11.42	2.27	1.40	0.03	97.37	0.73
淡色辉长岩 06XH03-1	42.62	2.79	12.04	11.73	N. A.	12.79	12.02	1.72	1.21	N. A.	96.92	0.70
二长岩 XH32-2	45.48	2.13	8.23	13.59	0.17	13.44	10.97	1.60	1.37	0.05	97.03	0.38
辉长岩中闪长质包体	49.13	0.89	6.46	11.74	N. A.	15.37	11.93	0.93	0.48	N. A.	96.93	0.22

P* 用角闪石铝压力计（Schmidt，1992）计算结晶压力；N. A. 没有测试。

第二节　碱性岩脉

作者除对小河口杂岩体开展系统的矿物成分研究外,还针对侵入小河口杂岩体内各类中基性岩脉开展了系统的矿物成分电子探针测试分析,电子探针测试数据见表 3-6～表 3-9,各种岩石矿物成分对比分析如下。

一、斜长石

辉绿岩脉中的环带斜长石斑晶具有富钙的核部和富钠的边部,它们的钙长石 An 端元组分分别为 46～64 与 32～48(图 3-3,表 3-6)。辉绿岩脉基质斜长石通常也具有环带,富钙核部钙长石端元组分为 49,富钠边部钙长石端元组分为 25。闪长玢岩脉环带斜长石中富钙核部钙长石端元组分为 41～59,富钠边部斜长石牌号为 29～35。闪长玢岩脉基质中斜长石牌号比较一致,约为 29。闪长质分异体中斜长石斑晶也具有环带,富钙核部斜长石牌号为 44～61,富钠边部斜长石牌号为 30～37。闪长质分异体中斜长石基质具有富钙的核部和富钠的边部,它们的斜长石牌号分别为 39 和 31。

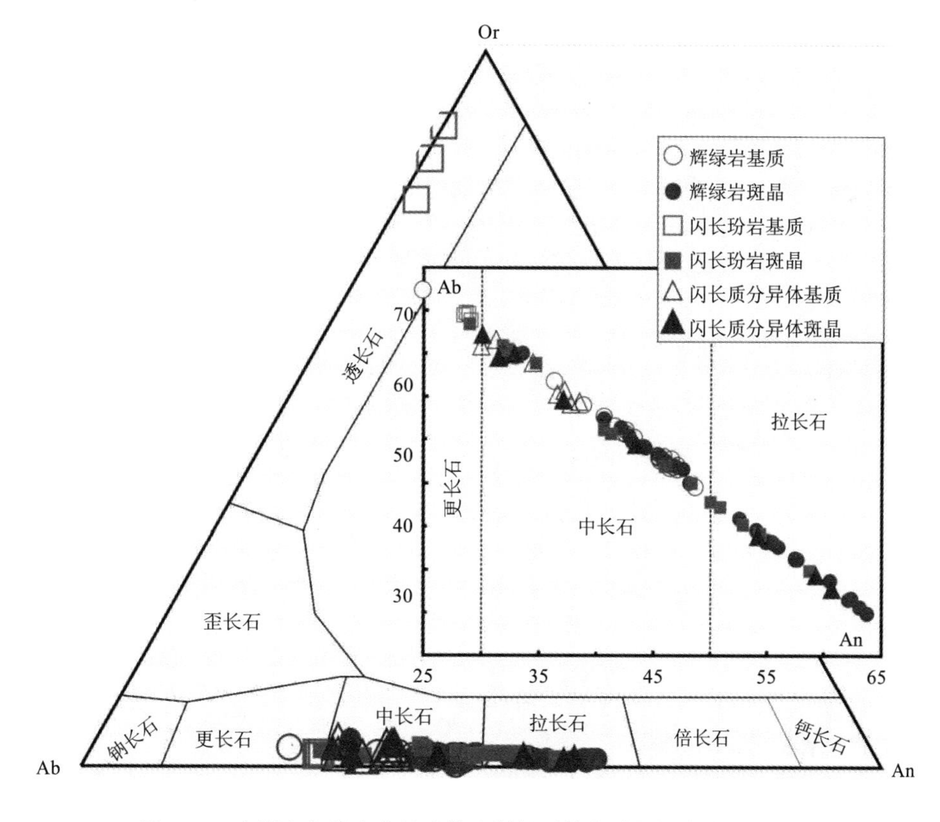

图 3-3　大别山各类中基性岩脉中斜长石的电子探针成分和分类图

表 3-6　大别山各类中基性岩脉中斜长石电子探针成分数据表

岩石类型 样品编号	矿物	测试 部位	SiO_2	TiO_2	Al_2O_3	FeO	MgO	CaO	Na_2O	K_2O	总量	An (%)
辉绿岩 XH40-3	环带 斜长石 P	核部	54.67	0.08	28.08	0.12	0.02	11.12	4.78	0.20	99.07	56
		核部	54.74	0.06	28.10	0.13	0.01	10.90	4.94	0.20	99.09	54
		边部	56.71	0.09	26.60	0.28	0.02	9.27	6.01	0.19	99.18	46
	环带 斜长石 P	核部	56.99	—	26.57	0.13	—	9.26	5.78	0.28	99.02	46
		核部	56.61	—	27.09	0.14	0.01	9.68	5.52	0.30	99.36	48
		边部	57.22	0.01	26.14	0.14	0.01	8.77	5.89	0.24	98.42	44
	环带 斜长石 P	核部	54.28	0.05	28.74	0.21	—	11.67	4.63	0.18	99.75	58
		核部	54.27	0.02	28.46	0.22	0.02	11.43	4.79	0.22	99.42	56
		边部	57.79	—	26.24	0.18	—	8.80	6.15	0.35	99.50	43
	环带 斜长石 P	核部	53.49	0.05	28.85	0.10	—	11.87	4.66	0.16	99.19	58
		边部	58.35	—	25.61	0.12	0.01	8.13	6.31	0.28	98.79	41
	环带 斜长石 P	核部	57.21	0.14	26.97	0.14	0.01	9.46	5.80	0.18	99.88	47
		边部	58.20	0.06	26.16	0.22	0.00	8.57	6.31	0.22	99.75	42
	M		56.70	0.14	26.76	0.13	0.02	9.45	5.80	0.29	99.28	47
			56.78	0.04	26.79	0.20	0.01	9.48	5.79	0.22	99.30	47
			57.74	0.03	26.19	0.18	0.01	8.69	6.30	0.20	99.32	43
			57.70	0.13	25.97	0.27	0.00	8.63	6.27	0.32	99.27	42
辉绿岩 XH03-8	环带 斜长石 P	核部	53.80	0.07	28.59	0.17	0.01	11.67	4.61	0.20	99.12	58
		边部	57.71	0.05	26.71	0.32	0.00	8.91	6.07	0.30	100.07	44
	环带 斜长石 P	核部	56.91	0.03	26.54	0.17	0.01	9.32	5.87	0.21	99.05	46
		核部	54.23	0.05	28.48	0.21	—	11.35	4.84	0.19	99.34	56
		边部	57.48	0.02	26.38	0.20	0.02	8.79	6.23	0.27	99.38	43
	环带 斜长石 P	核部	55.41	0.05	27.64	0.18	—	10.48	5.03	0.23	99.03	53
		核部	56.58	0.05	26.69	0.18	0.01	9.30	5.88	0.24	98.92	46
		核部	54.55	0.04	28.25	0.15	0.02	11.11	4.82	0.23	99.16	55
		边部	56.83	0.05	26.13	0.12	0.01	9.01	6.09	0.27	98.51	44
	环带 斜长石 M	核部	55.72	0.04	26.90	0.12	0.00	9.88	5.54	0.27	98.46	49
		边部	57.82	0.10	25.97	0.16	0.02	8.44	6.31	0.27	99.09	42
	M		56.84	0.02	26.82	0.19	0.01	9.22	5.92	0.22	99.23	46
			56.84	0.03	26.72	0.21	—	9.33	5.97	0.24	99.33	46
			56.57	0.03	26.98	0.28	0.03	9.54	5.75	0.22	99.39	47
			57.53	0.04	26.29	0.37	0.02	8.81	6.17	0.23	99.45	44
			58.23	0.04	25.93	0.15	—	8.29	6.49	0.25	99.37	41
			56.59	0.08	26.72	0.23	—	9.17	5.81	0.29	98.89	46
			57.68	0.07	26.05	0.18	0.03	8.63	6.20	0.28	99.12	43

续表 3-6

岩石类型 样品编号	矿物	测试 部位	SiO_2	TiO_2	Al_2O_3	FeO	MgO	CaO	Na_2O	K_2O	总量	An (%)
辉绿岩 XH02-12	环带 斜长石 P	边部	59.61	0.08	24.78	0.45	0.01	6.89	7.35	0.22	99.37	34
		核部	52.51	0.08	29.50	0.15	—	12.63	4.08	0.21	99.14	62
		核部	52.19	—	29.40	0.09	0.00	12.79	3.98	0.19	98.64	63
		边部	60.15	0.03	24.27	0.17	0.00	6.50	7.31	0.44	98.87	32
	环带 斜长石 P	核部	54.17	0.09	28.50	0.26	—	11.33	4.91	0.28	99.54	55
		核部	52.31	0.07	29.59	0.15	0.00	12.84	3.88	0.20	99.04	64
		边部	60.25	—	24.22	0.16	0.00	6.34	7.04	0.62	98.62	32
	M		58.64	0.05	25.53	0.26	0.02	7.94	6.64	0.34	99.42	39
			59.06	0.13	25.20	0.17	—	7.47	7.00	0.31	99.33	36
辉绿岩 06XH02-1	环带 斜长石 P	核部	52.92	0.06	29.07	0.16	0.02	12.17	3.93	0.13	98.46	63
		核部	53.62	0.07	28.80	0.09	0.02	11.81	4.16	0.09	98.65	61
		边部	56.66	0.07	26.77	0.24	—	9.46	5.63	0.13	98.98	48
	M		60.45	0.03	23.57	0.09	0.01	6.39	6.89	0.36	97.80	33
			63.24	0.07	23.17	0.11	0.03	5.00	7.97	0.44	100.03	25
			57.63	0.08	26.99	0.10	0.02	9.00	5.72	0.15	99.69	46
			56.89	0.02	26.95	0.13	0.04	9.34	5.69	0.13	99.20	47
			57.31	0.09	26.83	0.18	0.02	9.28	5.79	0.09	99.59	47
闪长玢岩 XH02-9	环带 斜长石 P	核部	53.71	—	28.75	0.19	—	11.87	4.43	0.21	99.17	59
		边部	59.86	—	24.59	0.11	—	7.08	7.16	0.23	99.03	35
	环带 斜长石 P	核部	54.65	0.08	27.99	0.13	0.01	11.03	4.92	0.23	99.03	55
		边部	59.98	0.02	24.21	0.07	—	6.50	7.26	0.35	98.40	32
	环带 斜长石 P	边部	60.76	0.14	24.42	0.16	0.02	6.45	7.32	0.34	99.60	32
		幔部	56.91	—	26.92	0.16	0.01	9.50	5.90	0.34	99.74	46
		幔部	58.41	0.02	25.71	0.12	—	8.22	6.10	0.47	99.06	41
		核部	55.25	—	27.91	0.18	0.01	10.68	5.01	0.32	99.36	53
		核部	55.78	0.06	27.46	0.15	—	10.36	5.28	0.31	99.40	51
	环带 斜长石 P	核部	55.70	0.04	27.09	0.17	0.01	10.03	5.27	0.33	98.63	50
		核部	57.68	0.01	25.74	0.17	0.01	8.19	6.21	0.52	98.53	41
		核部	56.72	—	27.28	0.13	0.01	9.85	5.61	0.26	99.87	49
		边部	61.80	0.02	23.74	0.16	—	5.88	7.62	0.41	99.63	29
	M		61.35	—	23.82	0.16	0.01	5.89	7.66	0.32	99.21	29
			61.68	—	23.74	0.14	0.00	5.80	7.68	0.24	99.29	29

续表 3-6

岩石类型 样品编号	矿物	测试 部位	SiO_2	TiO_2	Al_2O_3	FeO	MgO	CaO	Na_2O	K_2O	总量	An (%)
闪长玢岩 XH02-9	M		63.45	0.05	18.55	0.08	0.01	0.17	1.54	14.22	98.06	1
			63.88	—	18.84	0.14	—	0.44	2.06	13.28	98.63	2
			60.55	0.10	23.52	0.19	—	5.91	7.89	0.26	98.42	29
			60.67	0.01	23.66	0.17	—	5.86	7.85	0.35	98.56	29
			63.25	0.02	18.31	0.12	0.02	0.10	1.09	14.98	97.88	0
闪长质 分异体	环带 斜长石 P	边部	60.11	0.02	24.59	0.16	—	6.83	7.45	0.35	99.51	33
		核部	57.57	0.04	26.05	0.13	0.00	8.90	6.15	0.32	99.17	44
		核部	53.20	0.07	28.63	0.20	0.00	12.18	4.46	0.21	98.95	59
		边部	60.88	0.03	24.00	0.41	—	6.22	7.63	0.45	99.62	30
	环带 斜长石 P	核部	53.76	0.07	27.98	0.12	0.00	11.12	4.97	0.31	98.32	54
		核部	52.70	—	29.26	0.11	0.00	12.53	4.30	0.25	99.14	61
		边部	58.80	0.07	25.06	0.11	—	7.64	6.75	0.55	98.98	37
		边部	60.66	0.00	23.92	0.12	0.01	6.44	7.27	0.65	99.08	32
	环带 斜长石 M	核部	58.88	0.01	25.33	0.09	0.01	7.83	6.67	0.33	99.14	39
		边部	60.83	0.01	24.10	0.18	0.00	6.41	7.53	0.36	99.42	31
	M		59.61	0.04	24.64	0.11	0.01	7.17	7.32	0.25	99.15	35
			59.17	0.10	24.93	0.14	0.01	7.47	6.78	0.52	99.11	37
			60.24	0.02	23.88	0.15	—	6.11	7.39	0.67	98.46	30
			58.95	0.09	25.08	0.14	0.00	7.66	6.62	0.52	99.06	38
			58.84	0.02	25.26	0.11	0.00	7.67	6.89	0.33	99.11	37
			58.89	0.08	25.12	0.15	—	7.68	6.83	0.53	99.27	37

P. 斑晶；M. 基质。

二、黑云母与角闪石

各类辉绿岩脉基质矿物中，与角闪石共生的黑云母比角闪石含量少的黑云母具有较高的 MgO 含量(图 3-4，表 3-7)。闪长玢岩脉中的黑云母与闪长质分异体中的黑云母具有相似的成分，它们的成分比辉绿岩脉中的黑云母成分明显具有较低的 MgO 含量。辉绿岩脉基质中的角闪石仅仅具有较小的成分变化范围(表 3-8)，依据钙质角闪石的分类表，这些角闪石属于韭闪石。

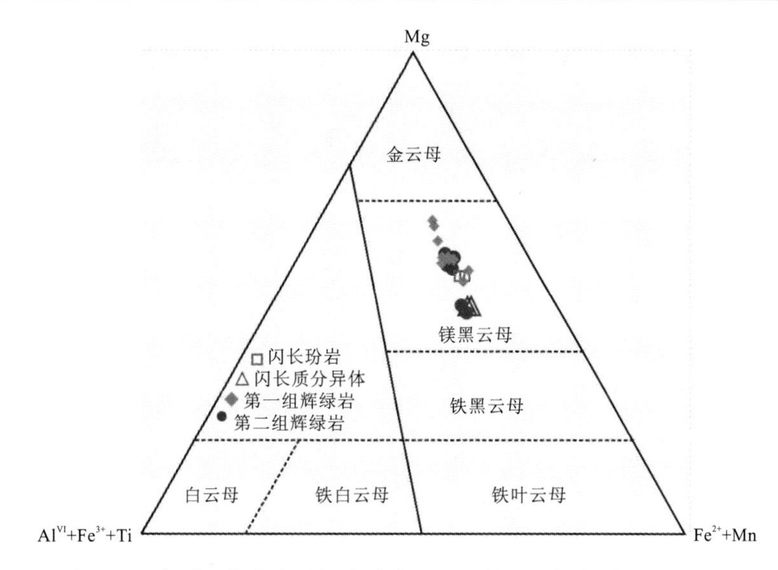

图 3-4 大别山各类中基性岩脉中黑云母的电子探针成分和分类图

表 3-7 大别山各类中基性岩脉中黑云母电子探针成分数据表

岩石类型 样品编号	矿物	SiO_2	TiO_2	Al_2O_3	FeO	MnO	MgO	CaO	Na_2O	K_2O	Cr_2O_3	总量
辉绿岩 XH40-3	M	37.35	4.90	14.63	13.37	—	14.69	0.03	0.16	9.85	—	94.97
		37.09	5.02	14.76	14.12	—	14.53	0.04	0.18	9.95	—	95.69
		36.49	4.89	14.47	13.30	—	14.73	0.01	0.15	9.93	—	93.96
		36.89	4.57	14.33	13.65	—	15.01	0.03	0.12	9.94	—	94.54
辉绿岩 XH03-8	M	37.26	5.46	14.55	12.83	—	15.39	0.07	0.09	9.86	—	95.50
		37.17	5.26	14.49	12.70	—	15.05	0.04	0.08	9.83	—	94.62
		37.28	5.21	14.60	12.87	—	14.68	0.00	0.10	9.68	—	94.41
		37.26	4.90	14.15	13.60	—	14.88	0.10	0.10	9.35	—	94.33
		36.88	4.98	14.55	13.22	—	14.93	0.05	0.11	9.53	—	94.23
		36.76	5.13	14.47	12.90	—	14.96	0.05	0.11	9.59	—	93.95
辉绿岩 XH02-12	M	36.48	5.74	14.14	16.26	—	12.10	0.03	0.06	10.00	—	94.81
		36.64	6.05	14.17	17.18	—	11.89	0.03	0.08	9.89	—	95.92
辉绿岩 06XH02-1	M	38.08	4.43	13.04	15.33	0.07	14.33	0.00	0.17	9.33	0.01	94.78
		37.85	4.87	12.70	15.22	0.06	13.47	—	0.14	9.31	0.02	93.62
		37.39	5.79	14.62	11.50	0.01	16.26	0.02	0.29	9.21	0.05	95.15
		37.35	5.22	15.03	10.52	0.01	17.17	—	0.37	9.05	0.03	94.75
		37.22	4.80	14.94	10.16	0.05	17.31	0.01	0.40	9.04	0.06	93.98
闪长质 分异体	M	36.61	5.94	14.08	16.82	—	12.27	0.04	0.10	9.87	—	95.73
		36.41	5.87	14.01	17.02	—	12.23	0.07	0.05	9.96	—	95.62
闪长玢岩 XH02-9	I	37.99	4.60	13.69	15.00	—	14.01	0.03	0.10	9.78	—	95.19
		37.80	4.39	13.94	15.45	—	14.06	0.06	0.09	9.89	—	95.68

M. 基质;I. 斜长石中的矿物包裹体。

表 3-8 大别山各类中基性岩脉中基质角闪石电子探针成分数据表

岩石类型 样品编号	矿物	SiO_2	TiO_2	Al_2O_3	FeO	MnO	MgO	CaO	Na_2O	K_2O	Cr_2O_3	总量
辉绿岩 XH03-8	M	42.70	2.47	11.79	12.80	—	12.23	11.83	1.70	1.32	—	96.84
		42.90	2.22	11.81	13.44	—	12.25	11.68	1.75	1.35	—	97.42
		41.13	3.90	12.23	13.84	—	11.12	11.59	1.90	1.37	—	97.08
		41.73	3.87	11.69	13.50	—	11.63	11.21	1.99	1.36	—	96.97
		43.70	2.07	11.26	12.75	—	12.83	11.69	1.74	1.20	—	97.23
辉绿岩 06XH02-1	M	41.80	3.15	12.39	11.85	0.11	12.82	11.44	2.19	1.21	0.03	96.98
		41.73	3.11	12.00	11.58	0.13	12.84	11.41	2.25	1.30	0.02	96.35
		41.92	2.62	12.04	10.72	0.12	13.25	11.56	2.08	1.21	0.04	95.56
		42.18	2.60	12.19	10.95	0.10	13.63	11.57	2.20	1.10	0.06	96.57

M.基质。

三、辉石

辉绿岩中斜方辉石斑晶的顽火辉石端元组分由65变化至79，与之相比，基质中斜方辉石的顽火辉石En端元组分在66～68之间变化（图3-5，表3-9）。环带斜方辉石斑晶的核部富镁，顽火辉石端元组分为71；边部富铁，顽火辉石端元组分为65。闪长玢岩脉中的斜方辉石斑晶和基质成分基本相同，顽火辉石端元组分变化在59～62之间，MgO含量明显比辉绿岩脉中的斜方辉石低。

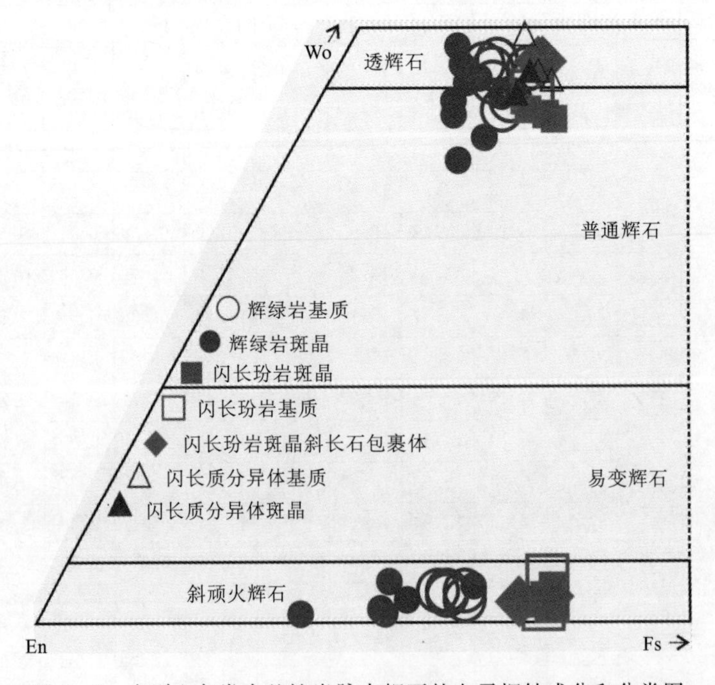

图3-5 大别山各类中基性岩脉中辉石的电子探针成分和分类图

表 3－9　大别山各类中基性岩脉中辉石电子探针成分数据表

岩石类型 样品编号	矿物	测试 部位	SiO_2	TiO_2	Al_2O_3	FeO	MnO	MgO	CaO	Na_2O	K_2O	Cr_2O_3	总量	Wo (%)	En (%)	Fs (%)
辉绿岩 XH40－3	M		52.74	0.24	1.56	6.95	—	14.59	22.79	0.35	0.01	—	99.23	47	42	11
			52.42	0.33	2.10	7.22	—	14.09	22.72	0.44	—	—	99.30	47	41	12
			52.02	0.39	2.00	7.57	—	14.54	21.82	0.36	—	—	98.70	45	42	12
			53.17	0.34	1.60	18.85	—	24.11	1.25	0.02	—	—	99.35	3	68	30
			53.79	0.22	1.51	19.22	—	24.13	1.35	0.02	0.01	—	100.23	3	67	30
			51.97	0.48	2.86	8.50	—	14.34	20.23	0.52	0.00	—	98.90	43	43	14
			53.38	0.28	1.68	20.20	—	23.47	1.28	0.05	—	—	100.34	3	66	32
			53.37	0.33	1.51	19.22	—	23.72	1.04	0.01	—	—	99.21	2	67	31
			53.26	0.24	1.46	20.01	—	23.34	0.93	0.01	0.01	—	99.27	2	66	32
辉绿岩 XH03－8	P	核部	52.30	0.67	3.52	8.01	—	16.48	18.50	0.41	0.01	—	99.89	39	48	13
		核部	52.33	0.49	2.97	6.63	—	16.13	20.68	0.37	—	—	99.60	43	46	11
		边部	50.34	0.97	4.47	8.56	—	13.44	20.45	0.75	0.14	—	99.11	45	41	15
	P		50.50	1.10	4.29	8.11	—	13.93	20.29	0.60	—	—	98.82	44	42	14
	P	核部	51.20	0.75	3.69	8.63	—	15.24	19.28	0.43	0.01	—	99.22	41	45	14
		边部	53.86	0.05	0.71	5.34	—	15.20	23.65	0.21	—	—	99.02	48	43	9
	P	核部	54.18	0.24	1.68	16.52	—	25.67	1.65	0.04	—	—	99.97	3	71	26
		边部	52.99	0.18	1.52	19.97	—	22.63	1.40	0.04	—	—	98.73	3	65	32
	M		53.15	0.24	1.54	7.42	—	14.29	22.26	0.43	0.00	—	99.34	46	41	12
			51.85	0.54	2.57	8.96	—	14.12	20.65	0.58	—	—	99.26	44	42	15
			50.00	1.06	4.42	8.60	—	12.83	21.24	0.68	0.04	—	98.87	46	39	15
辉绿岩 06XH02－1	P		53.80	0.24	1.75	16.33	0.46	26.34	0.60	0.02	0.02	0.08	99.64	1	73	26
			55.09	0.19	1.56	12.89	0.26	29.04	0.48	0.02	—	0.17	99.69	1	79	20
			53.50	0.19	1.84	17.24	0.46	25.45	0.91	0.04	0.01	0.00	99.64	2	71	28
			53.08	0.14	1.69	16.99	0.44	26.91	0.39	0.02	—	—	99.66	1	73	26
			51.25	0.72	3.60	6.81	0.17	14.56	21.63	0.52	—	0.09	99.35	46	43	12
			51.63	0.55	3.14	6.10	0.20	15.02	21.35	0.58	—	0.64	99.21	45	44	10
			52.50	0.59	2.48	6.15	0.15	15.82	20.90	0.40	0.01	0.50	99.51	44	46	10
			51.27	0.75	3.88	5.55	0.13	14.90	22.10	0.48	—	0.46	99.52	47	44	9
闪长质 分异体	P	核部	51.23	0.59	2.98	8.99	—	13.91	21.11	0.62	—	—	99.43	44	41	15
		边部	50.50	0.95	4.16	8.59	—	12.90	21.39	0.80	0.05	—	99.33	46	39	15
	M		52.86	0.11	0.73	8.08	—	13.22	24.45	0.25	—	—	99.70	50	37	13
			51.89	0.36	2.21	9.96	—	12.69	21.40	0.63	0.01	—	99.14	46	38	17
			52.18	0.27	1.81	9.18	—	12.76	21.63	0.54	—	—	98.38	46	38	15

续表 3-9

岩石类型 样品编号	矿物	测试 部位	SiO_2	TiO_2	Al_2O_3	FeO	MnO	MgO	CaO	Na_2O	K_2O	Cr_2O_3	总量	Wo (%)	En (%)	Fs (%)
闪长玢岩 XH02-9	P	核部	53.28	0.32	1.12	23.07	—	21.15	0.77	0.02	0.00	—	99.73	2	61	37
		边部	53.16	0.25	0.82	24.35	—	20.98	0.90	—	0.02	—	100.48	2	59	39
	P		52.64	0.26	0.82	24.16	—	21.04	1.47	0.02	0.00	—	100.41	3	59	38
			53.00	0.28	1.15	23.94	—	21.10	0.83	0.01	0.00	—	100.32	2	60	38
			52.62	0.31	1.66	9.65	—	13.02	22.19	0.49	0.01	—	99.95	46	38	16
			51.71	0.58	2.23	11.31	—	13.20	20.07	0.52	0.00	—	99.62	42	39	19
			52.07	0.58	2.27	9.95	—	13.82	20.42	0.44	0.00	—	99.55	43	41	16
			51.64	0.68	2.25	10.83	—	13.42	20.28	0.50	0.01	—	99.60	43	39	18
			53.36	0.20	0.79	23.93	—	20.90	0.54	0.00	—	—	99.74	1	60	39
			52.86	0.28	0.81	24.43	—	20.68	0.56	0.02	0.00	—	99.62	1	59	39
			53.07	0.26	1.08	24.07	—	20.88	0.65	0.02	0.08	—	100.11	1	60	39
			51.59	0.55	2.97	9.25	—	12.56	21.81	0.66	0.02	—	99.41	47	38	16
			53.08	0.15	1.24	24.35	—	21.13	0.60	0.04	0.02	—	100.61	1	60	39
			52.80	0.17	1.02	23.01	—	20.47	1.14	0.01	0.01	—	98.62	2	60	38
	M		53.20	0.01	0.78	24.13	—	21.27	0.53	—	0.04	—	99.95	1	60	38
			51.73	0.12	0.64	23.28	—	20.73	1.84	—	0.02	—	98.35	4	59	37
			52.34	0.36	1.66	9.85	—	13.50	21.18	0.47	0.03	—	99.39	44	39	16
	I		53.02	0.24	1.47	22.62	—	21.95	0.95	0.02	—	—	100.27	2	62	36
			52.84	0.20	0.91	23.69	—	20.77	1.09	0.01	—	—	99.51	2	60	38
			52.10	0.35	2.13	9.24	—	12.81	22.33	0.50	0.01	—	99.46	47	38	15
			52.12	0.48	2.46	9.13	—	12.96	22.43	0.45	0.00	—	100.03	47	38	15

P.斑晶；M.基质；I.斜长石包裹物；—为没有测试。

辉绿岩脉中的单斜辉石斑晶与基质相比具有较高的 MgO 含量和较低的 FeO、CaO 含量，它们的顽火辉石 En、硅灰石 Wo 和铁辉石 Fs 端元组分分别为 $En_{41\sim48}Wo_{39\sim48}Fs_{9\sim14}$ 和 $En_{39\sim43}Wo_{43\sim47}Fs_{11\sim15}$（图 3-5，表 3-9）。环带单斜辉石斑晶通常具有富 MgO 的核部和富 FeO 与 CaO 的边部。闪长玢岩脉中的单斜辉石斑晶及基质具有相似的成分，它们的端元组分变化范围为 $En_{38\sim41}Wo_{42\sim47}Fs_{15\sim19}$，MgO 含量明显比辉绿岩中的单斜辉石低。闪长玢岩脉斜长石斑晶中的单斜辉石包裹体（$En_{38}Wo_{47}Fs_{15}$）与单斜辉石斑晶及基质相比具有较高的 CaO 含量和较低的 MgO、FeO 含量。闪长质分异体具有与闪长玢岩脉相同的单斜辉石成分，其端元组分变化范围为 $En_{37\sim41}Wo_{44\sim50}Fs_{13\sim17}$。

第四章　岩石地球化学特征

第一节　小河口镁铁质-超镁铁质杂岩体

小河口杂岩体辉石岩类、辉长岩类、淡色辉长岩类和二长岩类的主量元素和微量元素数据见表 4-1,其对比和解释见图 4-1 和图 4-2。

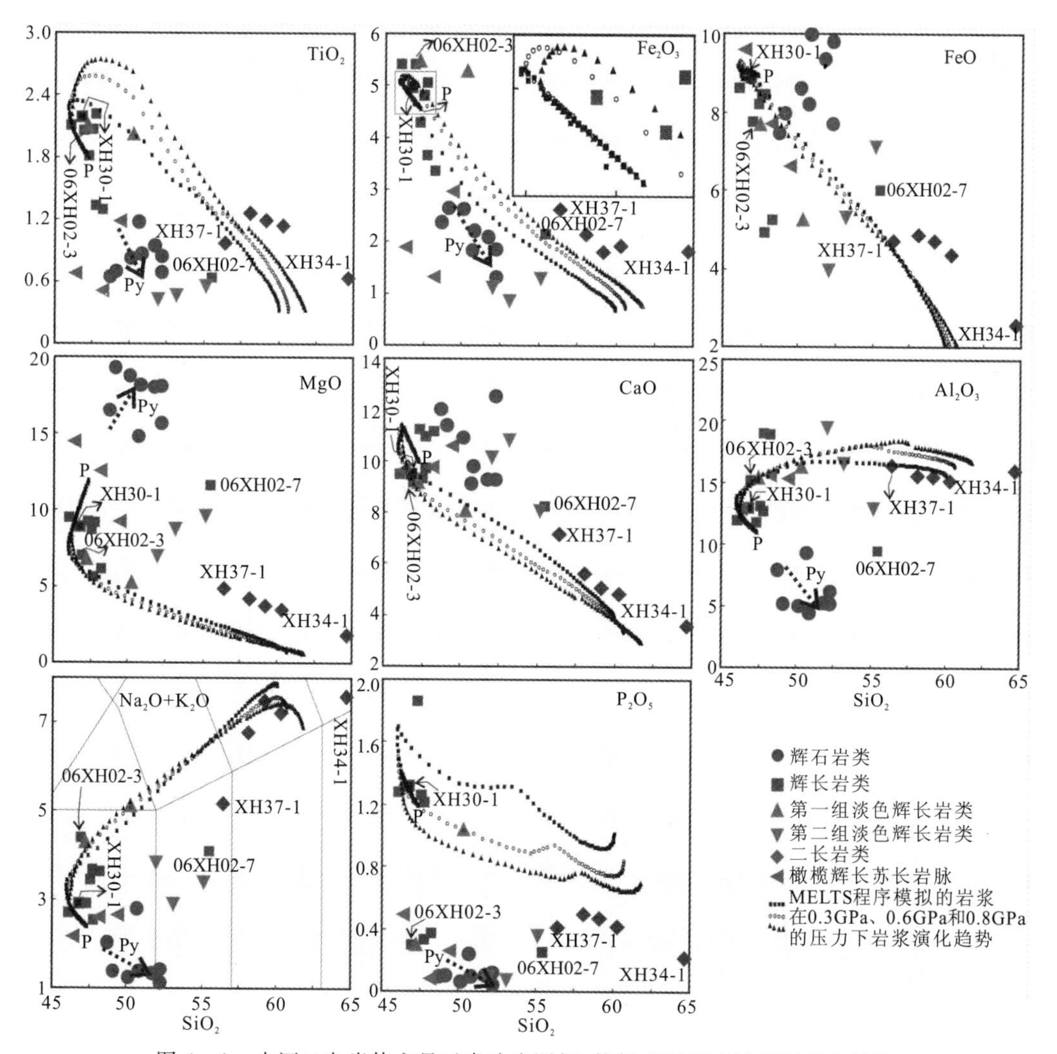

图 4-1　小河口杂岩体主量元素哈克图解,较粗点画线表示辉石分离结晶

表 4-1　小河口杂岩体全岩主量元素(w_B/%)和微量元素(×10^{-6})表

样品编号	XH32-4	XH33-7	XH36-1	XH48-2	06XH03-2	06XH01-1	XH11-1	XH25-1	XH22-2	06XH02-7	XH30-1	XH33-3	XH40-5	XH10-3	XH11-5	XH13-5
岩石类型	辉石岩								苏长岩	辉长苏长岩				橄榄辉长苏长岩脉		
SiO_2	52.28	50.17	52.28	50.71	48.74	50.88	51.79	49.15	47.55	55.51	46.78	47.75	47.31	49.46	48.19	46.40
TiO_2	0.84	0.82	0.69	1.17	0.65	0.86	0.94	0.70	2.07	0.64	2.19	2.22	1.81	1.18	0.51	0.68
Al_2O_3	6.13	4.93	5.13	9.24	7.84	4.36	5.21	5.14	13.12	9.42	12.89	12.70	11.79	15.29	15.57	12.88
Fe_2O_3	1.84	2.62	1.32	1.82	2.36	2.20	2.08	2.64	4.80	2.14	4.96	5.05	4.29	2.96	1.31	1.88
FeO	7.70	8.60	9.80	8.20	7.47	9.98	9.35	7.95	8.45	6.00	8.85	8.45	8.20	6.60	7.70	9.57
MnO	0.19	0.18	0.20	0.18	0.20	0.27	0.23	0.19	0.19	0.17	0.19	0.19	0.17	0.14	0.13	0.17
MgO	15.62	18.76	18.06	14.79	16.47	18.15	18.02	19.28	8.70	11.58	8.90	9.15	9.19	9.20	12.51	14.42
CaO	12.54	10.89	9.28	9.10	12.02	9.77	9.26	11.37	9.31	8.23	9.47	9.72	11.22	10.60	9.74	9.59
Na_2O	0.92	0.68	0.73	1.44	1.57	0.99	0.82	0.86	2.53	2.37	2.32	2.16	2.18	2.22	2.21	1.82
K_2O	0.49	0.55	0.39	1.34	0.45	0.39	0.50	0.52	0.90	1.71	0.57	0.38	0.72	0.43	0.38	0.33
P_2O_5	0.12	0.06	0.04	0.24	0.09	0.09	0.10	0.10	1.26	0.25	1.32	1.21	1.86	0.26	0.08	0.49
H_2O^+	0.79	1.26	1.37	1.29	1.38	1.44	1.10	1.44	0.70	1.31	1.04	0.65	0.87	1.07	1.03	1.05
CO_2	0.33	0.28	0.52	0.19	0.54	0.42	0.39	0.42	0.08	0.34	0.23	0.08	0.11	0.29	0.33	0.42
总量	99.79	99.80	99.81	99.71	99.78	99.80	99.79	99.76	99.66	99.67	99.71	99.71	99.72	99.70	99.69	99.70
Sc	52.7	46.2	41.6	—	41.2	43.6	42.1	45.5	—	30.6	28.5	34.1	31.5	28.6	18.0	21.7
V	182	179	172	—	154	197	187	167	—	108	306	342	314	216	81.0	119
Cr	808	1344	1475	—	948	1364	1469	1226	—	849	261	230	146	276	322	363
Co	65.8	87.4	72.9	—	74.2	67.0	63.0	75.7	—	46.4	55.7	56.7	58.7	54.2	71.3	85.7
Ni	370	435	501	—	461	386	380	536	—	297	134	123	145	191	576	485

续表 4-1

样品编号	XH32-4	XH33-7	XH36-1	XH48-2	06XH03-2	06XH01-1	XH11-1	XH25-1	XH22-2	06XH02-7	XH30-1	XH33-3	XH40-5	XH10-3	XH11-5	XH13-5
岩石类型	辉石岩								苏长岩	辉长苏长岩				橄榄辉长苏长岩脉		
Cu	102	70.5	23.5	—	83.0	25.4	17.8	27.4	—	9.37	56.2	64.0	86.9	108	38.6	53.8
Zn	81.7	86.3	95.5	—	78.2	106	104	91.5	—	99.5	134	144	119	79.0	72.8	97.7
Ga	10.7	9.08	9.62	—	10.5	9.62	10.2	8.98	—	12.9	19.5	20.7	18.4	17.5	13.8	13.2
Rb	12.0	18.9	11.6	—	10.5	11.5	12.4	12.7	—	44.6	10.4	5.08	13.6	6.36	4.39	3.75
Sr	275	110	160	—	476	112	208	226	—	569	1027	1143	913	1102	1084	946
Y	25.0	19.8	16.1	—	17.8	17.2	18.0	20.3	—	21.5	25.8	29.6	36.7	15.2	9.4	14.1
Zr	85.6	63.8	56.1	—	71.4	54.9	60.3	74.3	—	56.0	46.8	57.6	67.5	36.4	27.9	29.3
Nb	2.88	2.27	2.27	—	2.21	2.60	3.40	3.19	—	5.90	6.64	8.44	10.7	2.23	1.52	1.56
Mo	0.20	0.12	0.33	—	0.41	0.61	0.27	0.33	—	0.54	0.30	0.20	0.26	0.22	0.19	0.13
Sn	0.88	0.78	0.61	—	0.73	0.65	0.70	0.76	—	0.70	1.01	1.30	1.55	0.67	0.35	0.45
Cs	0.70	1.50	1.10	—	0.71	0.77	0.68	0.66	—	1.16	0.51	0.15	0.45	0.58	0.71	0.62
Ba	176	284	136	—	273	147	242	203	—	1214	461	413	489	289	268	229
La	14.9	10.5	9.3	—	13.9	11.7	11.9	14.0	—	37.4	37.7	46.2	69.0	13.4	8.16	14.2
Ce	39.4	27.9	22.2	—	33.7	28.4	28.7	35.2	—	78.4	85.2	104	150	29.9	18.0	32.8
Pr	6.04	4.22	3.12	—	4.84	4.06	4.10	5.06	—	9.74	10.88	12.55	18.16	4.19	2.45	4.52
Nd	28.6	20.9	15.1	—	23.0	19.4	20.3	25.1	—	38.6	48.4	55.0	75.3	19.8	12.4	21.9
Sm	7.11	5.35	3.97	—	5.42	4.91	5.16	6.00	—	7.00	9.62	10.7	14.0	4.95	3.07	5.01
Eu	1.83	1.38	1.07	—	1.44	1.20	1.28	1.42	—	1.61	2.49	2.58	3.16	1.66	1.26	1.59
Gd	6.30	4.86	3.74	—	4.87	4.72	4.54	5.26	—	5.84	7.79	8.58	11.15	4.16	2.63	4.27
Tb	0.92	0.75	0.59	—	0.71	0.66	0.69	0.77	—	0.79	1.04	1.17	1.50	0.61	0.39	0.60
Dy	5.03	4.09	3.20	—	3.78	3.48	3.92	4.42	—	4.25	5.26	5.92	7.40	3.35	2.21	3.18

续表 4-1

样品编号	XH32-4	XH33-7	XH36-1	XH48-2	06XH03-2	06XH01-1	XH11-1	XH25-1	XH22-2	06XH02-7	XH30-1	XH33-3	XH40-5	XH10-3	XH11-5	XH13-5
岩石类型	辉石岩								苏长岩	辉长苏长岩				橄榄辉长苏长岩脉		
Ho	0.93	0.74	0.60	—	0.74	0.69	0.67	0.80	—	0.81	0.94	1.09	1.31	0.58	0.35	0.52
Er	2.24	1.88	1.58	—	1.83	1.74	1.75	1.95	—	2.12	2.24	2.58	3.26	1.41	0.89	1.27
Tm	0.33	0.26	0.23	—	0.25	0.24	0.23	0.25	—	0.30	0.30	0.36	0.42	0.19	0.10	0.15
Yb	1.97	1.44	1.28	—	1.55	1.58	1.45	1.57	—	2.01	1.66	2.01	2.47	1.12	0.68	0.96
Lu	0.28	0.23	0.19	—	0.21	0.23	0.21	0.22	—	0.31	0.25	0.30	0.35	0.18	0.10	0.13
Hf	2.65	2.19	1.80	—	2.31	1.87	1.88	2.34	—	1.94	1.42	1.72	2.07	1.23	0.91	1.01
Ta	0.16	0.15	0.14	—	0.14	0.18	0.22	0.20	—	0.49	0.39	0.48	0.53	0.14	0.09	0.10
Pb	4.42	11.0	4.38	—	13.4	9.16	14.9	27.2	—	14.5	4.94	5.24	5.03	23.5	11.6	14.2
Th	1.04	1.18	1.21	—	1.24	1.44	1.61	1.40	—	4.51	1.69	1.34	1.74	0.49	0.31	0.41
U	0.22	0.2	0.20	—	0.16	0.21	0.27	0.26	—	1.56	0.27	0.22	0.30	0.09	0.06	0.08
样品编号	XH20-1	XH12-1	XH12-1#	06XH01-2	06XH02-3	XH44-5	XH45-4	06XH03-1	XH03-6	XH49-1	XH37-1	XH35-1	XH32-2	06XH02-2	XH34-1	XH34-1#
岩石类型	辉长岩					淡色辉长岩一组		淡色辉长岩二组			闪长岩	二长岩			石英二长岩	
SiO_2	48.23	46.07	—	47.73	46.93	47.25	50.31	52.01	53.16	55.16	56.42	59.17	58.11	60.29	64.66	—
TiO_2	1.29	2.11	—	1.33	2.06	2.13	2.03	0.43	0.47	0.56	0.97	1.19	1.26	1.14	0.64	—
Al_2O_3	18.86	11.91	—	18.92	15.15	15.16	16.31	19.49	16.52	12.92	16.35	15.45	15.58	15.16	16.01	—
Fe_2O_3	3.35	5.41	—	3.66	5.41	5.51	5.28	1.12	0.85	1.30	2.62	1.80	2.15	1.93	1.82	—
FeO	5.23	8.60	—	4.92	7.75	7.67	5.25	3.95	5.30	7.10	4.70	4.70	4.85	4.35	2.55	—
MnO	0.11	0.21	—	0.11	0.19	0.16	0.14	0.09	0.11	0.20	0.11	0.10	0.11	0.10	0.07	—
MgO	6.12	9.50	—	5.59	6.93	6.77	5.22	6.98	8.71	9.63	4.83	3.74	4.19	3.46	1.81	—
CaO	11.12	9.49	—	10.96	9.15	9.25	8.09	10.13	10.82	8.08	7.18	5.05	5.63	4.83	3.57	—

续表 4-1

样品编号	XH20-1	XH12-1	XH12-1#	06XH01-2	06XH02-3	XH44-5	XH45-4	06XH03-1	XH03-6	XH49-1	XH37-1	XH35-1	XH32-2	06XH02-2	XH34-1	XH34-1#
岩石类型	辉长岩					淡色辉长岩一组		淡色辉长岩二组			闪长岩	二长岩			石英二长岩	
Na_2O	2.83	2.16	—	2.77	2.65	2.59	2.92	3.07	2.31	2.70	3.76	3.82	3.54	3.66	4.10	—
K_2O	0.80	0.53	—	0.89	1.74	1.72	2.21	0.83	0.59	0.69	1.42	3.67	3.24	3.55	3.48	—
P_2O_5	0.37	1.28	—	0.33	0.30	0.31	1.04	0.10	0.07	0.36	0.41	0.47	0.50	0.42	0.22	—
H_2O^+	1.25	2.36	—	2.18	1.26	0.85	0.70	1.28	0.73	0.94	0.84	0.41	0.40	0.66	0.67	—
CO_2	0.10	0.10	—	0.29	0.15	0.04	0.04	0.22	0.08	0.11	0.09	0.09	0.09	0.15	0.06	—
总量	99.66	99.73	—	99.68	99.67	99.40	99.54	99.70	99.72	99.75	99.70	99.66	99.65	99.70	99.66	—
Sc	23.7	28.7	28.5	25.6	27.0	21.7	20.3	17.6	28.8	—	18.0	15.6	16.6	14.1	9.11	8.95
V	215	309	298	180	321	321	220	75.8	107	—	139	143	144	122	72.6	73.1
Cr	78.0	265	262	63.8	125	85.3	103	157	116	—	67.8	122	142	108	20.8	20.7
Co	42.2	53.2	53.8	36.0	55.8	67.7	49.9	35.4	39.9	—	33.9	23.7	25.3	20.5	12.2	12.5
Ni	64.4	127	128	46.8	81.22	65.8	65.3	175	90.1	—	81.5	55.7	57.0	47.6	10.9	10.6
Cu	51.1	79.2	75.5	52.4	70.4	70.7	41.0	91.2	64.6	—	59.3	22.3	26.0	24.8	11.4	11.8
Zn	64.2	99.8	100	48.7	101	101	117	44.2	54.9	—	89.6	90.4	90.7	80.1	66.7	65.5
Ga	20.9	18.4	18.3	19.8	20.4	19.8	21.9	17.3	16.8	—	21.5	22.6	21.3	21.5	21.4	21.5
Rb	14.1	13.6	13.2	17.8	40.5	42.9	58.3	15.8	10.9	—	25.0	113	83.6	99.8	65.0	63.1
Sr	1388	947	952	1397	969	1021	1214	1401	1178	—	1114	699	729	629	673	702
Y	16.1	24.9	24.5	17.3	21.8	18.7	27.2	8.71	12.6	—	18.3	28.3	26.5	23.3	19.2	19.0
Zr	57.2	45.2	45.2	22.8	90.4	57.2	80.5	57.0	47.5	—	77.3	177	128	150	159	147
Nb	3.42	7.16	6.61	0.23	12.4	5.99	13.7	2.95	2.05	—	7.72	22.1	19.5	20.2	9.75	9.86
Mo	0.16	0.97	0.29	0.11	0.68	—	0.61	0.89	0.17	—	0.21	1.66	1.09	2.03	0.27	0.50
Sn	0.90	1.39	1.35	0.21	1.61	1.01	1.35	0.50	0.53	—	0.97	2.15	1.84	1.96	1.21	1.17

续表 4-1

样品编号	XH20 -1	XH12 -1	XH12 -1#	06XH 01-2	06XH 02-3	XH44 -5	XH45 -4	06XH 03-1	XH03 -6	XH49 -1	XH37 -1	XH35 -1	XH32 -2	06XH 02-2	XH34 -1	XH34 -1#
岩石类型	辉长岩					淡色辉长岩一组		淡色辉长岩二组			闪长岩	二长岩			石英二长岩	
Cs	0.49	0.68	0.71	1.01	0.69	0.82	1.08	0.57	0.26	—	0.55	2.11	1.43	1.84	0.64	0.65
Ba	603	383	374	608	849	1290	2152	530	394	—	865	1641	1642	1543	1780	1783
La	21.7	37.8	37.1	23.2	27.6	22.2	58.4	16.4	14.2	—	40.5	76.6	68.0	70.8	51.9	53.2
Ce	44.8	87.6	83.7	49.7	60.0	48.4	119	30.3	28.8	—	79.9	145	128	136	97.2	102
Pr	5.72	11.0	10.62	6.72	7.74	6.38	14.5	3.56	3.72	—	9.34	15.4	14.1	14.1	10.6	10.9
Nd	25.9	47.0	46.8	29.5	33.3	27.2	59.3	13.9	16.2	—	38.0	58.5	53.2	51.7	39.3	40.2
Sm	5.67	9.01	9.40	6.10	7.01	6.03	10.9	2.74	3.57	—	6.99	9.82	9.44	8.31	6.56	6.45
Eu	1.80	2.24	2.23	1.99	2.06	1.83	2.90	1.18	1.32	—	2.01	2.34	2.36	2.20	1.69	1.60
Gd	4.71	7.80	7.46	5.16	6.06	5.13	8.52	2.36	3.21	—	5.22	7.63	7.38	6.77	4.85	4.91
Tb	0.65	1.01	0.98	0.73	0.86	0.66	1.11	0.34	0.47	—	0.71	1.04	0.99	0.89	0.68	0.68
Dy	3.48	5.19	5.20	3.79	4.43	3.75	5.59	1.84	2.46	—	3.75	5.49	5.07	4.51	3.52	3.49
Ho	0.62	0.91	0.91	0.71	0.82	0.73	0.98	0.34	0.47	—	0.65	0.99	0.93	0.87	0.67	0.63
Er	1.51	2.30	2.24	1.83	2.18	1.70	2.47	0.89	1.16	—	1.69	2.61	2.40	2.18	1.74	1.84
Tm	0.19	0.30	0.28	0.22	0.30	0.25	0.34	0.12	0.15	—	0.23	0.39	0.34	0.31	0.26	0.25
Yb	1.16	1.82	1.79	1.30	1.76	1.52	2.00	0.82	1.03	—	1.44	2.10	2.01	1.90	1.70	1.64
Lu	0.16	0.26	0.25	0.20	0.30	0.22	0.28	0.11	0.15	—	0.21	0.34	0.32	0.31	0.25	0.24
Hf	1.70	1.47	1.41	0.86	2.69	1.77	2.22	1.53	1.46	—	2.11	4.30	3.35	3.76	3.95	3.71
Ta	0.18	0.40	0.38	0.01	0.65	0.33	0.73	0.18	0.12	—	0.35	1.25	1.07	1.15	0.50	0.52
Pb	37.0	14.5	10.8	19.4	13.3	4.64	9.10	13.9	4.43	—	14.7	22.4	19.9	22.3	25.9	26.0
Th	1.10	1.26	1.24	0.53	1.67	2.09	5.09	1.72	1.09	—	2.49	11.3	8.26	11.6	5.96	6.04
U	0.15	0.34	0.33	0.11	0.28	0.45	1.20	0.27	0.15	—	0.33	1.86	1.28	1.58	0.79	0.79

#. 微量元素测试重复样。

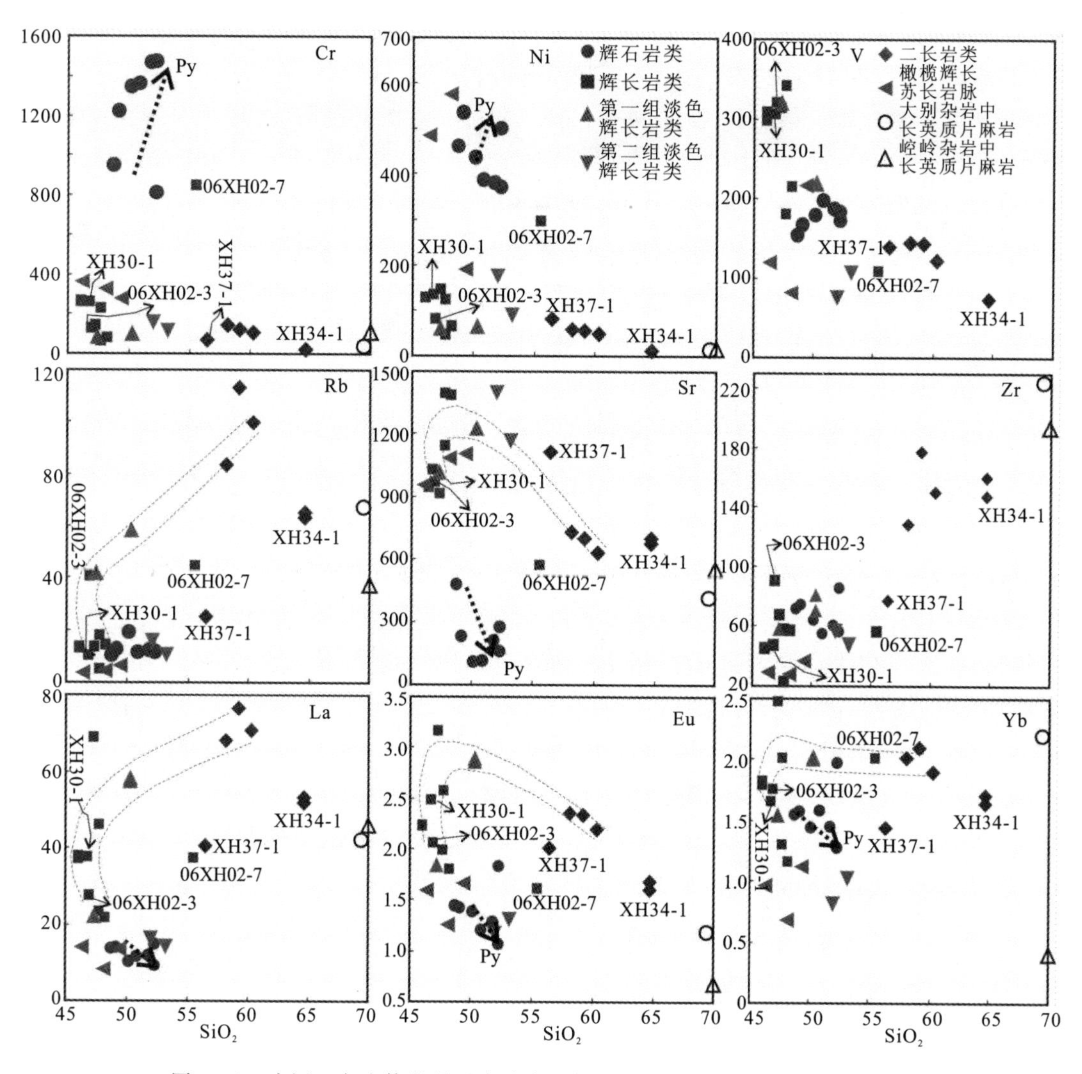

图 4-2　小河口杂岩体微量元素哈克图解，较粗点画线表示辉石分离结晶

通过表 4-1 可知，总体上，在小河口杂岩体内所有岩石类型中，辉石岩类 MgO 含量最高，Na_2O 和 Al_2O_3 含量最低。橄榄辉长苏长岩脉的主量元素成分往往在哈克图解上落入辉石岩类和辉长岩类之间的位置。第一组淡色辉长岩类与第二组淡色辉长岩类相比，第一组的具有较高的 TiO_2、Fe_2O_3、K_2O、P_2O_5 含量以及较低的 MgO 和 CaO 含量。在小河口杂岩体所有岩石类型中，二长岩类具有最低的 FeO、MgO 和 CaO 含量以及最高的 SiO_2、Na_2O 和 K_2O 含量。辉石岩类、辉长岩类、淡色辉长岩类及二长岩类均属于钙碱性系列、准铝质岩石。

在小河口杂岩体所有岩石类型中，辉石岩具有最高的 Ni、Co 和 Sc 含量以及最低的 Sr 含量，其他相容元素（如 Cu 元素）的含量与辉长岩类中对应元素的含量相当，V 及其他不相容元素（如 La 元素）的含量明显低于辉长岩类中相应元素的含量。橄榄辉长苏长岩脉在微量元素哈克图解上同样处于辉石岩类和辉长岩类之间的位置。第一组淡色辉长岩类比第二组淡色辉长岩类具有明显较高的 V、Rb、Y、Ba、La、Ce、Sm、Nd 和 Eu 含量。在小河口杂岩体内所有岩石类型中，二长岩类相容元素（如 Ni 元素）的含量通常是最低的，不相容元素（如 Rb、Zr 和 La

元素)的含量通常是最高的。总体来说,所有岩石类型都不同程度地富集轻稀土元素和大离子亲石元素,不同程度地亏损高场强元素与重稀土元素。

小河口各种岩石类型的 Rb－Sr 和 Sm－Nd 同位素数据见表 4－2,其进一步的解释见图 4－3,该图中同时列出了大别山早白垩世镁铁质-超镁铁质岩体、镁铁质岩脉及镁铁质火山岩、华北克拉通晚中生代基性岩和碳酸岩前人所发表的所有 Sr－Nd 同位素数据。

表 4－2 小河口杂岩体 Sr－Nd 同位素成分表格

样品编号	岩石类型	$^{87}Rb/^{86}Sr$	$^{87}Sr/^{86}Sr$	2σ	I_{Sr}	$^{147}Sm/^{144}Nd$	$^{143}Nd/^{144}Nd$	2σ	$\varepsilon_{Nd}(t)$
XH32－4	辉石岩	0.1259	0.707 395	7	0.707 162	0.1504	0.511 990	2	−11.9
XH33－7	辉石岩	0.4993	0.708 614	6	0.707 691	0.1547	0.511 939	3	−12.9
06XH03－2	辉石岩	0.0641	0.707 536	2	0.707 418	0.1425	0.511 852	1	−14.4
06XH01－1	辉石岩	0.2976	0.708 055	2	0.707 505	0.1534	0.511 955	1	−12.6
XH25－1	辉石岩	0.1618	0.705 580	8	0.705 281	0.1445	0.511 896	2	−13.6
06XH02－3	辉长岩	0.1209	0.706 881	2	0.706 658	0.1271	0.512 115	1	−9.1
06XH02－7	辉长苏长岩	0.2267	0.707 954	3	0.707 535	0.1096	0.511 601	1	−18.8
XH30－1	辉长苏长岩	0.0292	0.707 836	6	0.707 782	0.1202	0.511 857	1	−14.0
XH33－3	辉长苏长岩	0.0129	0.707 864	7	0.707 840	0.1179	0.511 808	1	−14.9
XH10－3	橄榄辉长苏长岩脉	0.0167	0.707 266	12	0.707 235	0.1509	0.512 100	4	−9.7
XH11－5	橄榄辉长苏长岩脉	0.0117	0.707 150	7	0.707 128	0.1491	0.512 141	3	−8.9
XH13－5	橄榄辉长苏长岩脉	0.0115	0.707 272	5	0.707 251	0.1385	0.512 125	2	−9.0
XH20－1	辉长岩	0.0294	0.707 418	5	0.707 364	0.1322	0.511 889	4	−13.5
XH12－1	辉长岩	0.0402	0.708 011	7	0.707 937	0.1214	0.511 825	2	−14.6
06XH01－2	辉长岩	0.0360	0.707 520	2	0.707 454	0.2007	0.511 900	1	−14.5
06XH03－1	淡色辉长岩	0.0327	0.707 496	2	0.707 436	0.1191	0.511 890	1	−13.3
XH03－6	淡色辉长岩	0.0267	0.707 475	4	0.707 426	0.1333	0.511 877	3	−13.8
XH32－2	二长岩	0.3319	0.708 656	6	0.708 043	0.1073	0.511 800	1	−14.9
XH35－1	二长岩	0.4679	0.708 908	7	0.708 044	0.1015	0.511 770	1	−15.4
XH37－1	闪长岩	0.0648	0.707 798	6	0.707 678	0.1113	0.511 536	2	−20.1
06XH02－2	二长岩	0.4595	0.708 904	2	0.708 055	0.0972	0.511 762	1	−15.4
XH34－1	石英二长岩	0.2794	0.708 521	8	0.708 005	0.1009	0.511 504	3	−20.5

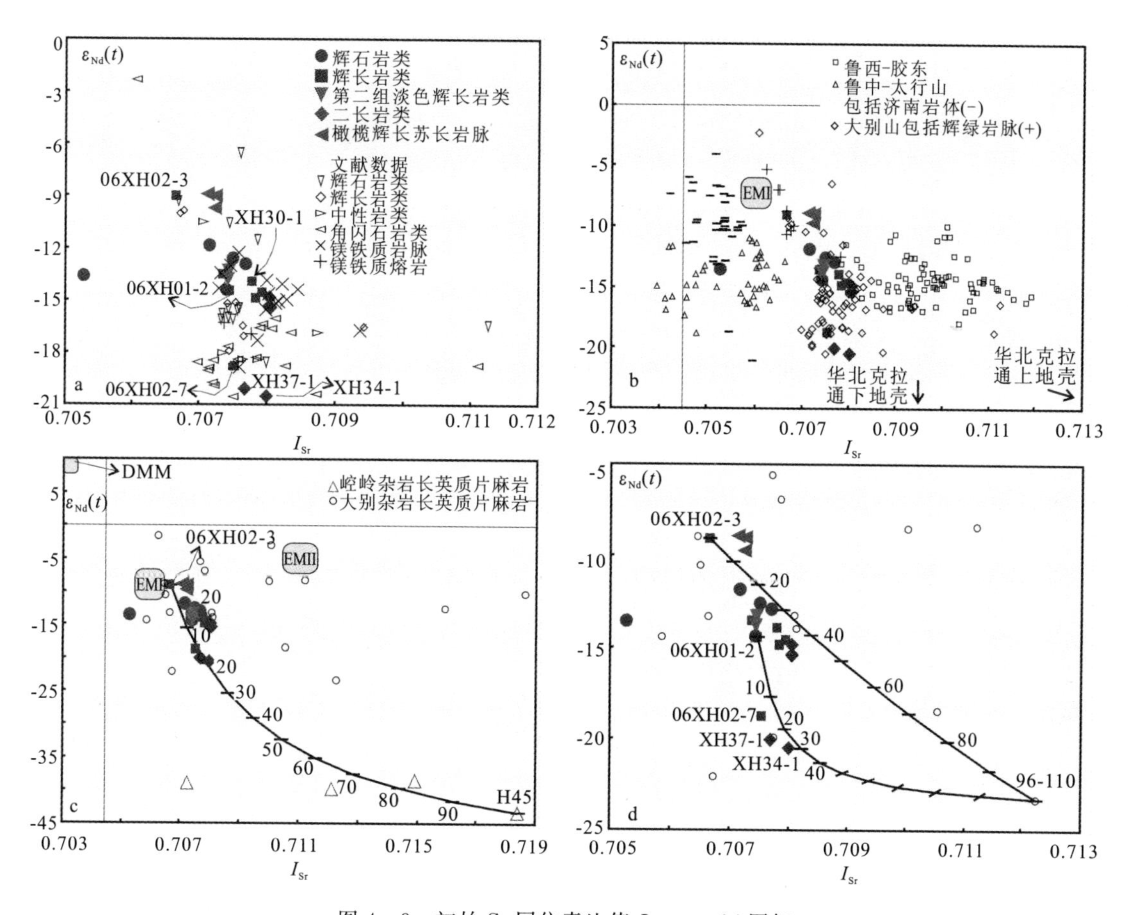

图 4-3　初始 Sr 同位素比值 $I_{Sr}-\varepsilon_{Nd}(t)$ 图解

a. 小河口杂岩体 I_{Sr} 和 $\varepsilon_{Nd}(t)$ 数据与大别山前人研究数据对比；b. 小河口杂岩体 I_{Sr} 和 $\varepsilon_{Nd}(t)$ 数据与华北克拉通晚中生代基性岩和碳酸岩前人研究数据对比；c～d. 同位素混合模拟结果

初始 Sr 同位素比值 I_{Sr} 和 $\varepsilon_{Nd}(t)$ 都计算到 130Ma。小河口杂岩体辉石岩类和辉长岩类的初始 Sr 同位素比值为 0.705 281～0.708 505，$\varepsilon_{Nd}(t)$ 值变化范围从－8.9 变化至－18.8。淡色辉长岩类和二长岩类初始 Sr 同位素比值为 0.707 426～0.708 055，$\varepsilon_{Nd}(t)$ 值变化范围从－13.3变化至－20.5。辉长苏长岩样品 06XH02-7、闪长岩样品 XH37-1 以及石英二长岩样品 XH34-1 都靠近岩体与围岩接触带，相对同一类型的其他辉长岩类和二长岩类来说，它们具有较高的初始 Sr 同位素比值和较低的 $\varepsilon_{Nd}(t)$ 值。来自杂岩体中心的一件辉长岩样品 06XH02-3和所有的橄榄辉长苏长岩脉样品具有最低的初始 Sr 同位素比值和最高的 $\varepsilon_{Nd}(t)$ 值，它们的变化范围分别为 0.706 658～0.707 251 以及从－8.9 变化至－9.7。

第二节　碱性岩脉

大别山辉绿岩脉、闪长玢岩脉、石英正长岩脉及碱长花岗岩脉主量元素及微量元素数据见表 4-3，对数据的解释和对比见图 4-4、图 4-5 与图 4-6。

表 4-3　大别山碱性岩脉主量(w_B/%)和微量元素($\times 10^{-6}$)成分表

样品编号	06XH 02-4	XH02 -10	XH40 -3	06XH 03-3	XH02 -12	XH02 -13	XH03 -8	XH40 -2	06XH 02-1	XH22 -1	06JZ 01-2	XH02 -9	XH02 -14	06JZ 02-4	06XH 01-4	XH32 -7
岩石类型	辉绿岩二组						辉绿岩一组				闪长玢岩		石英正长岩		碱长花岗岩	
SiO_2	45.03	46.04	43.48	44.64	46.56	45.98	46.10	45.85	45.93	46.63	52.14	53.41	67.61	75.44	74.36	76.67
TiO_2	2.53	2.39	3.08	2.78	2.35	2.07	2.26	2.19	1.80	1.82	1.05	1.76	0.28	0.10	0.18	0.09
Al_2O_3	17.16	14.46	17.36	17.55	17.83	16.43	17.55	16.83	11.18	13.53	11.91	17.01	16.73	13.01	13.19	12.93
Fe_2O_3	4.70	3.60	5.43	5.54	4.31	4.37	4.75	4.88	4.17	4.29	1.88	2.51	0.67	0.25	0.60	0.35
FeO	7.48	9.25	7.90	6.80	7.40	7.90	6.90	6.85	7.75	7.10	5.03	6.30	0.90	0.40	0.67	0.35
MnO	0.16	0.16	0.15	0.15	0.15	0.18	0.15	0.15	0.17	0.14	0.12	0.14	0.02	0.01	0.01	0.02
MgO	5.47	8.39	5.77	5.81	4.72	6.43	6.30	7.26	12.95	10.38	8.18	4.12	0.57	0.15	0.36	0.34
CaO	8.17	8.86	8.17	8.24	6.94	7.98	8.91	9.03	10.62	10.75	8.99	6.94	0.55	0.70	0.89	0.72
Na_2O	3.50	2.53	2.88	3.29	3.64	3.07	3.00	2.86	1.93	2.31	2.61	3.65	3.95	3.97	3.68	4.55
K_2O	2.74	1.56	2.50	2.41	3.07	2.75	1.71	1.64	0.97	0.74	5.40	2.55	7.58	5.09	5.08	3.54
P_2O_5	1.21	0.75	1.37	1.17	1.11	0.95	0.83	0.70	0.61	0.59	1.06	0.71	0.10	0.03	0.07	0.02
H_2O^+	1.24	1.58	1.21	0.99	1.43	1.40	0.98	1.22	1.37	1.28	1.17	0.47	0.64	0.49	0.55	0.23
CO_2	0.15	0.08	0.21	0.16	0.09	0.11	0.17	0.13	0.23	0.13	0.17	0.04	0.04	0.17	0.15	0.04
总量	99.54	99.65	99.51	99.53	99.60	99.62	99.61	99.59	99.68	99.69	99.71	99.61	99.64	99.81	99.79	99.85
Sc	20.3	—	19.4	18.7	15.8	21.5	23.1	26.4	38.0	—	20.8	19.4	1.86	1.81	2.84	1.74
V	254	—	271	260	203	226	261	255	257	—	145	200	19.6	4.24	8.76	4.75

续表 4-3

样品编号	06XH 02-4	XH02 -10	XH40 -3	06XH 03-3	XH02 -12	XH02 -13	XH03 -8	XH40 -2	06XH 02-1	XH22 -1	06JZ 01-2	XH02 -9	XH02 -14	06JZ 02-4	06XH 01-4	XH32 -7
岩石类型	辉绿岩二组						辉绿岩一组				闪长玢岩		石英正长岩		碱长花岗岩	
Cr	13.0	—	24.2	31.7	2.49	28.9	41.7	40.2	577	—	458	44.1	2.41	3.84	8.45	1.59
Co	39.1	—	47.7	44.0	38.1	44.4	47.8	47.3	67.5	—	32.0	23.2	3.19	1.16	2.29	1.41
Ni	18.5	—	31.7	34.3	11.8	37.2	54.5	74.9	240	—	157	19.9	2.17	1.51	6.07	8.13
Zn	111	—	131	112	111	122	107	103	104	—	108	95.8	20.5	9.11	11.2	6.82
Ga	22.6	—	24.3	23.6	22.2	22.3	22.0	20.5	17.1	—	18.3	22.5	19.08	17.73	20.25	19.31
Rb	63.1	—	63.1	61.4	69.5	68.2	33.5	26.2	11.7	—	148	29.4	157	128	206	70.77
Sr	1154	—	1308	1268	1234	997	1152	1040	868	—	704	968	579	213	225	90.3
Y	34.7	—	32.0	29.7	30.5	32.2	31.1	30.9	30.4	—	49.7	27.0	10.6	19.2	15.7	36.7
Zr	74.6	—	30.8	43.1	65.5	77.4	72.1	78.1	101	—	317	93.5	180	67.7	139	75.6
Nb	17.0	—	16.5	14.5	23.1	19.5	14.3	15.7	12.4	—	17.8	19.7	8.72	19.5	17.4	27.2
Mo	1.16	—	0.23	0.27	0.60	0.54	0.28	0.16	0.22	—	0.85	0.52	0.08	0.32	0.39	0.66
Cs	0.79	—	0.55	0.74	0.87	0.88	0.32	0.29	0.52	—	2.94	0.92	0.51	0.58	2.86	0.75
Ba	1989	—	2568	2200	1603	1647	1617	1542	749	—	1164	1810	2170	619	763	240
La	62.0	—	53.4	48.1	62.4	55.4	46.1	38.2	37.5	—	80.2	57.6	71.2	28.0	51.3	32.8
Ce	139	—	121	109	134	125	106	87.4	92.9	—	189	115	119	50.4	91.0	65.1
Pr	17.1	—	15.0	13.8	16.3	15.2	13.1	11.4	12.7	—	23.7	13.4	11.6	5.32	9.31	7.19

续表 4 - 3

样品编号	06XH 02 - 4	XH02 - 10	XH40 - 3	06XH 03 - 3	XH02 - 12	XH02 - 13	XH03 - 8	XH40 - 2	06XH 02 - 1	XH22 - 1	06JZ 01 - 2	XH02 - 9	XH02 - 14	06JZ 02 - 4	06XH 01 - 4	XH32 - 7
岩石类型	辉绿岩二组						辉绿岩一组				闪长玢岩		石英正长岩		碱长花岗岩	
Nd	72.4	—	65.1	60.6	67.6	63.6	55.6	49.7	56.0	—	103	54.3	37.4	18.3	31.5	24.8
Sm	13.5	—	12.6	12.0	12.9	12.6	11.3	10.1	11.5	—	23.8	9.80	5.30	3.18	5.37	5.31
Eu	3.83	—	3.46	3.23	3.56	3.39	2.98	2.77	2.84	—	6.36	2.98	1.53	0.69	0.73	0.43
Gd	11.4	—	9.92	9.30	10.1	9.98	8.81	8.19	9.23	—	20.9	7.95	3.65	2.91	4.18	4.57
Tb	1.46	—	1.32	1.24	1.30	1.33	1.23	1.19	1.24	—	2.60	1.07	0.44	0.47	0.54	0.81
Dy	7.39	—	6.72	6.40	6.66	6.89	6.53	6.18	6.57	—	11.6	5.56	2.16	2.90	2.77	5.35
Ho	1.33	—	1.13	1.07	1.07	1.16	1.07	1.12	1.12	—	1.83	1.00	0.38	0.64	0.54	1.09
Er	3.18	—	2.85	2.66	2.71	2.98	2.84	2.88	2.87	—	4.13	2.49	1.03	1.99	1.57	3.61
Tm	0.40	—	0.34	0.33	0.34	0.37	0.38	0.37	0.36	—	0.49	0.31	0.13	0.29	0.24	0.60
Yb	2.21	—	1.97	1.87	2.04	2.20	2.26	2.30	2.19	—	2.64	2.01	0.74	2.25	1.67	4.72
Lu	0.34	—	0.28	.27	0.28	0.32	0.32	0.36	0.28	—	0.39	0.29	0.12	0.39	0.26	0.76
Hf	2.11	—	1.04	1.29	1.87	2.37	2.23	2.63	3.26	—	7.09	2.22	4.30	2.65	4.41	3.54
Ta	0.69	—	0.64	0.59	1.02	0.87	0.61	0.67	0.56	—	0.90	0.98	0.35	2.10	1.63	4.16
Pb	9.98	—	5.24	24.1	11.3	18.5	10.1	55.5	15.4	—	19.6	217	33.9	39.5	47.6	45.9
Th	1.17	—	0.54	1.29	1.75	1.61	1.02	0.54	1.26	—	10.4	0.87	14.1	17.4	37.2	44.5
U	0.25	—	0.10	0.24	0.37	0.35	0.17	0.12	0.19	—	2.63	0.15	0.38	4.14	7.06	19.32

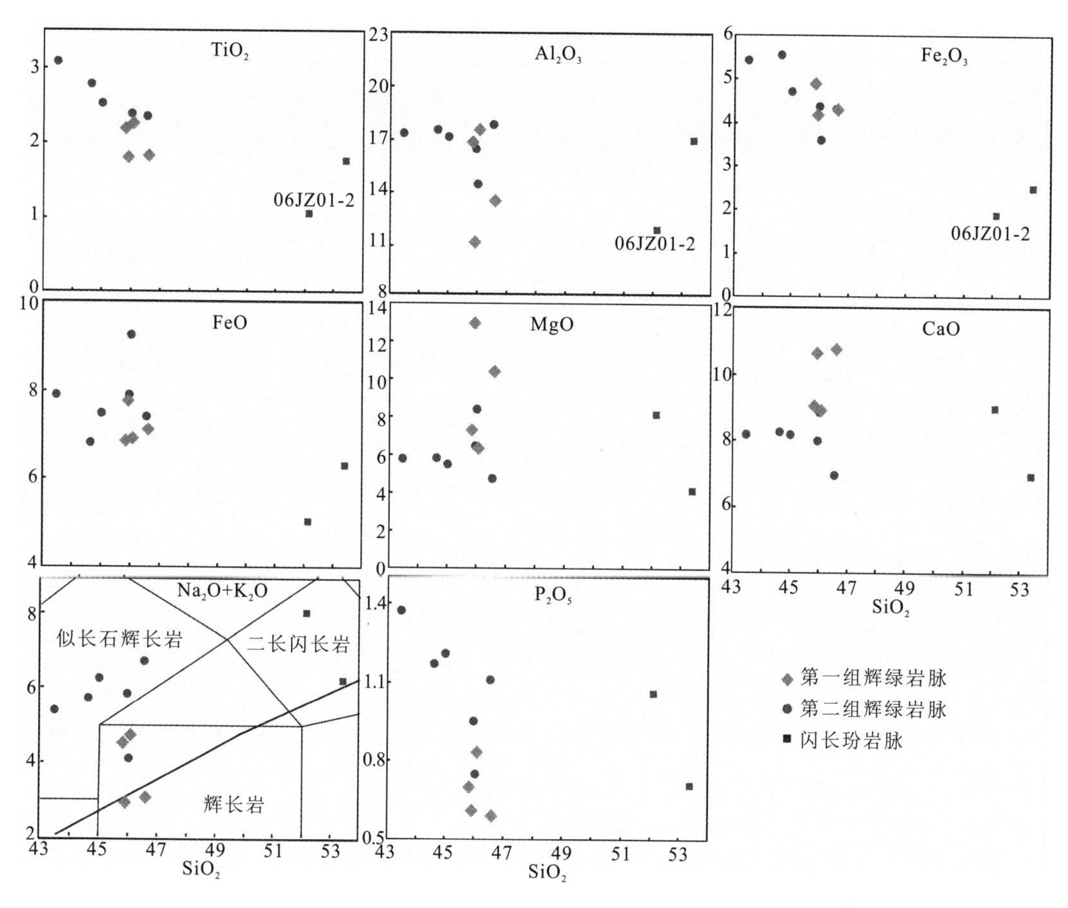

图 4-4　大别山辉绿岩脉与闪长玢岩脉主量元素哈克图解

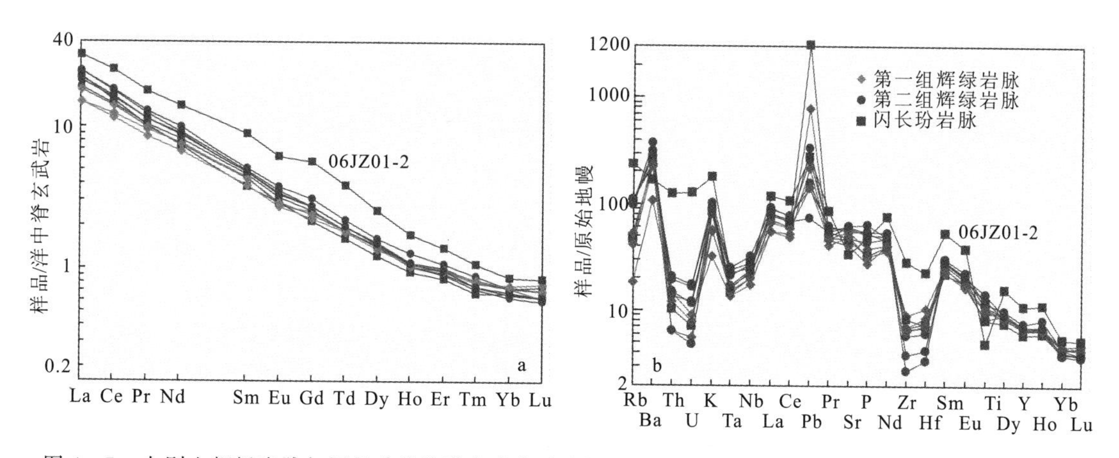

图 4-5　大别山辉绿岩脉与闪长玢岩脉洋中脊玄武岩标准化稀土元素配分图与原始地幔标准化微量元素蛛网图

辉绿岩脉和闪长玢岩脉显示碱性系列的特征，辉绿岩脉可进一步分为两组，第一组辉绿岩脉与第二组相比具有较高的 SiO_2、CaO 和 MgO 含量，但第二组辉绿岩的 TiO_2、Al_2O_3、Fe_2O_3、FeO、K_2O、Na_2O 和 P_2O_5 含量较高。闪长玢岩脉具有较高的 SiO_2 和 K_2O 含量与较低的

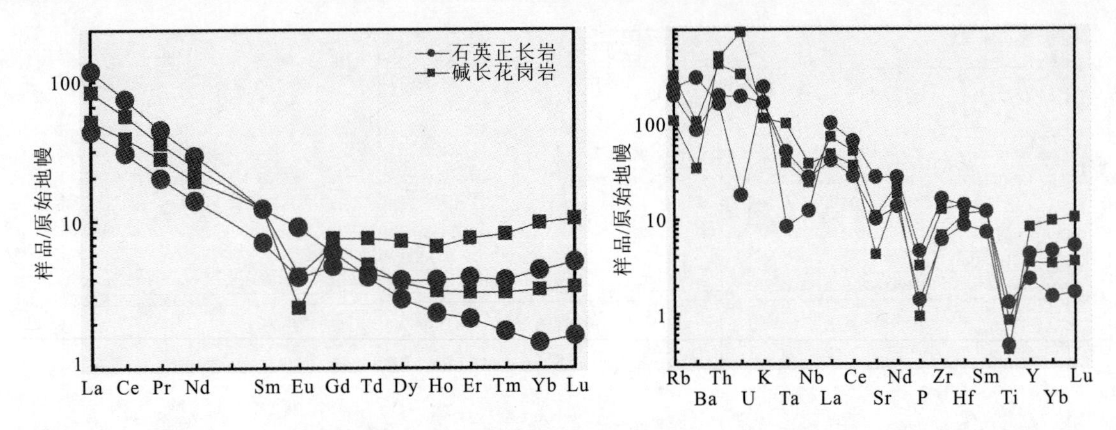

图 4-6　大别山石英正长岩脉与碱长花岗岩脉原始地幔标准化稀土元素配分图与微量元素蛛网图

Fe_2O_3、FeO、TiO_2 含量。石英正长岩脉和碱长花岗岩脉与中基性岩脉相比具有明显的成分间断，联合起来体现双峰式的特征。这些酸性岩脉的 SiO_2 含量介于 67.61%～76.67%，K_2O 和 Na_2O 含量也很高(表 4-3)，整体成分体现弱过铝质、碱性系列岩石的特征。

第一组辉绿岩脉比第二组具有较高的 Co、Cr、Ni 含量，第二组辉绿岩脉 Rb、Sr、Ba、La、Eu 的含量明显高于第一组。与辉绿岩脉相比，闪长玢岩脉具有较低的 Co、V、Sr 含量和较高的 Rb、La、Zr、Eu 含量。除了一个闪长玢岩脉样品 06JZ01-2 外，所有辉绿岩脉和闪长玢岩脉样品都具有基本一致的稀土元素配分模式和微量元素蛛网图，它们的稀土元素总量介于 222×10^{-6}～235×10^{-6} 之间，Eu 异常不显著，Eu/Eu^* 比值介于 0.82～1.00 之间，它们都富集轻稀土元素和大离子亲石元素，亏损高场强元素和重稀土元素。在调查的所有中基性岩脉中，闪长玢岩脉样品 06JZ01-2 具有最高的稀土元素总量(471×10^{-6})，与其他同类型岩石相比具有较高的 K、Rb 和 Th 含量。

石英正长岩脉与碱长花岗岩脉地幔相容元素含量都很低，Ti、P、Sr、Nb、Ta 强烈亏损。石英正长岩脉样品稀土元素配分曲线右倾，稀土元素总量变化在 118×10^{-6}～254×10^{-6} 之间，Eu/Eu^* 比值介于 0.68～1.01 之间。与此相对，碱长花岗岩脉稀土元素配分模式近似于海鸥式，Eu 负异常显著，Eu/Eu^* 比值介于 0.26～0.45 之间，稀土元素总量介于 157×10^{-6}～201×10^{-6} 之间。

大别山辉绿岩脉、闪长玢岩脉、石英正长岩脉及碱长花岗岩脉的 Rb-Sr 和 Sm-Nd 同位素数据见表 4-4，其进一步的解释见图 4-7，初始 Sr 同位素比值 I_{Sr} 和 $\varepsilon_{Nd}(t)$ 都计算到 130Ma。与第二组辉绿岩脉相比，第一组辉绿岩脉具有较高的 I_{Sr} 比值和较低的 $\varepsilon_{Nd}(t)$ 值，闪长玢岩脉与辉绿岩脉相比具有变化范围更大的 I_{Sr} 比值和变化范围基本一致的 $\varepsilon_{Nd}(t)$ 值。石英正长岩脉与碱长花岗岩脉具有最高的 I_{Sr} 值和最低的 $\varepsilon_{Nd}(t)$ 值。

表 4-4　大别山碱性岩脉 Sr-Nd 同位素成分表

样品编号	岩石类型	$^{87}Rb/^{86}Sr$	$^{87}Sr/^{86}Sr$	2σ	I_{Sr}	$^{147}Sm/^{144}Nd$	$^{143}Nd/^{144}Nd$	2σ	$\varepsilon_{Nd}(t)$
06XH02-4	辉绿岩二组	0.1581	0.706 803	3	0.706 511	0.1129	0.512 205	1	−7.1
XH40-3		0.1396	0.706 921	8	0.706 663	0.1172	0.512 121	2	−8.8
06XH03-3		0.1400	0.707 010	5	0.706 751	0.1201	0.512 039	2	−10.4

续表 4-4

样品编号	岩石类型	$^{87}Rb/^{86}Sr$	$^{87}Sr/^{86}Sr$	2σ	I_{Sr}	$^{147}Sm/^{144}Nd$	$^{143}Nd/^{144}Nd$	2σ	$\varepsilon_{Nd}(t)$
XH02-12	辉绿岩二组	0.1630	0.706 518	7	0.706 217	0.1156	0.512 294	3	−5.4
XH02-13		0.1978	0.706 831	8	0.706 466	0.1195	0.512 212	2	−7.0
XH03-8	辉绿岩一组	0.0841	0.706 978	5	0.706 823	0.1226	0.512 064	2	−10.0
XH40-2		0.0729	0.706 804	6	0.706 669	0.1232	0.512 027	2	−10.7
06XH02-1		0.0389	0.707 511	8	0.707 439	0.1240	0.511 833	2	−14.5
06JZ01-2	闪长玢岩	0.6095	0.708 480	2	0.707 354	0.1389	0.512 351	1	−4.6
XH02-9		0.0880	0.707 982	9	0.707 819	0.1091	0.511 924	2	−12.5
XH02-14	石英正长岩	0.7856	0.709 163	7	0.707 711	0.0856	0.511 547	9	−19.4
06JZ02-4		1.7311	0.711 778	2	0.708 579	0.1051	0.511 475	1	−21.2
06XH01-4	碱长花岗岩	2.6526	0.712 947	2	0.708 046	0.1030	0.511 674	1	−17.3
XH32-7		2.2675	0.711 777	6	0.707 587	0.1292	0.511 767	3	−15.9

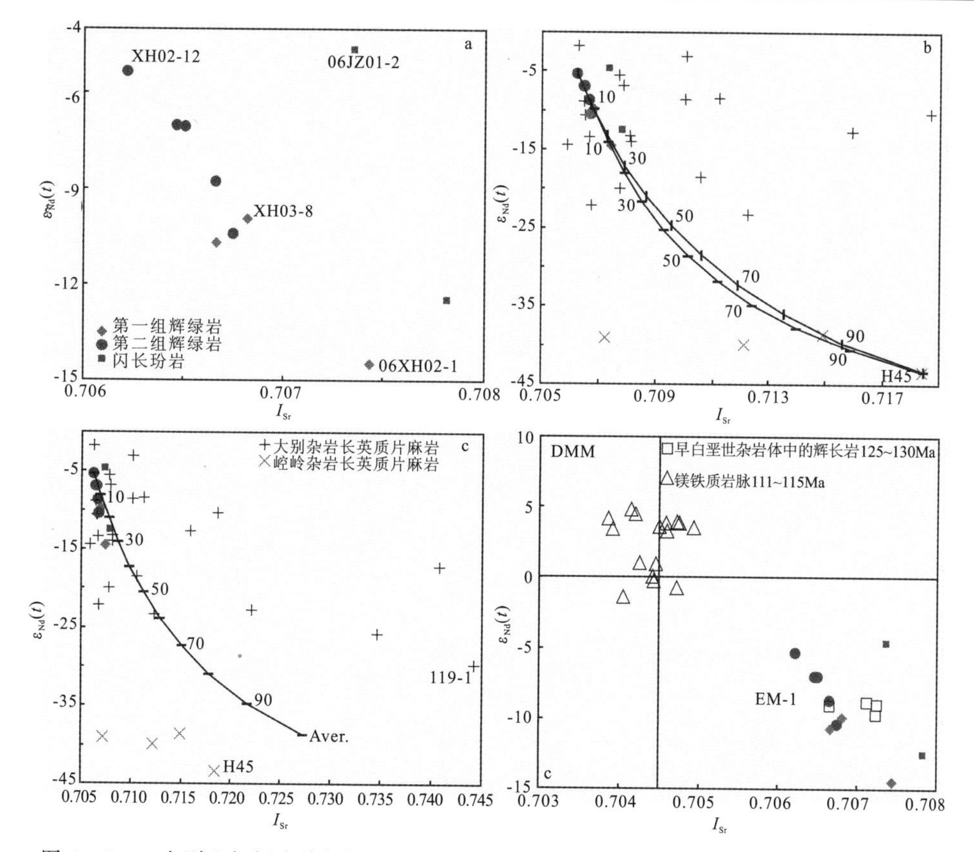

图 4-7 a. 大别山辉绿岩脉与闪长玢岩脉初始 Sr 同位素比值 I_{Sr}-$\varepsilon_{Nd}(t)$ 图解；b～c. 同位素混合模拟计算结果；d. 辉长岩类(125～130Ma)、镁铁质岩脉(111～115Ma)及本次研究样品对比图。Aver. 代表样品 H45 与样品 109-1 的 Sr-Nd 同位素算术平均值，样品 H45 来自崆岭杂岩，样品 109-1 来自大别山杂岩

第五章　大别山碱性辉绿岩脉年代学

由于大别山镁铁质-超镁铁质杂岩体已经开展了较多的锆石 U－Pb 测年工作，其年代基本被限定在 125～130Ma 之间，因此作者仅对小河口杂岩体内的辉绿岩脉开展锆石 U－Pb 测年，限定其形成年代。

锆石 U－Pb 测年同位素数据见表 5－1 和图 5－1。来自两个辉绿岩脉的锆石颗粒无色透明，多呈他形，多数晶体的阴极发光图像具有条带状环带，仅少数颗粒具有振荡环带。两颗锆石颗粒给出了前寒武纪的谐和年龄，中生代锆石颗粒和一个前寒武纪锆石颗粒的年龄不谐和，前者是由于放射性成因 ^{207}Pb 较低导致的，后者可能与铅丢失有关(Liu et al，2010)。在本章

表 5－1　大别山碱性辉绿岩脉锆石 LA－ICPMS U－Pb 定年结果表

样品编号		$^{207}Pb/^{206}Pb$		$^{207}Pb/^{235}U$		$^{206}Pb/^{238}U$		Th/U	$^{207}Pb/^{206}Pb$		$^{207}Pb/^{235}U$		$^{206}Pb/^{238}U$	
		Ratio	1σ	Ratio	1σ	Ratio	1σ		Age (Ma)	1σ	Age (Ma)	1σ	Age (Ma)	1σ
XH02－12	1	0.0636	0.0064	0.1776	0.0171	0.0203	0.0004	0.9	728	213	166	15	129	3
	2	0.2152	0.0598	0.4899	0.0672	0.0203	0.0016	0.8	2945	464	405	46	129	10
	3	0.2544	0.0294	0.6039	0.0462	0.0209	0.0011	0.7	3212	183	480	29	133	7
	4	0.1737	0.0198	0.4499	0.0370	0.0210	0.0010	1.1	2594	191	377	26	134	6
	5	0.0776	0.0065	0.2027	0.0136	0.0205	0.0005	0.1	1139	167	187	11	131	3
	6	0.0857	0.0121	0.2291	0.0291	0.0206	0.0012	0.8	1331	275	209	24	131	8
	7	0.0629	0.0053	0.1648	0.0137	0.0199	0.0005	0.9	702	175	155	12	127	3
	8	0.1400	0.0200	0.3571	0.0364	0.0202	0.0008	1.2	2228	250	310	27	129	5
	9	0.0806	0.0068	0.2139	0.0166	0.0203	0.0006	0.3	1213	167	197	14	130	4
	10	0.2470	0.0535	0.5242	0.0705	0.0203	0.0015	0.9	3166	350	428	47	129	9
XH40－3	1	0.0590	0.0045	0.1558	0.0118	0.0192	0.0004	2.1	569	168	147	10	123	3
	2	0.1655	0.0265	0.3838	0.0453	0.0193	0.0009	0.7	2512	272	330	33	123	6
	3	0.0693	0.0029	1.3700	0.0577	0.1420	0.0017	0.3	909	87	876	25	856	9
	4	0.0834	0.0130	0.2407	0.0439	0.0210	0.0010	0.7	1280	308	219	36	134	6
	5	0.1257	0.0114	0.3295	0.0269	0.0205	0.0006	0.7	2039	161	289	21	131	3
	6	0.1800	0.0085	8.5252	0.3811	0.3420	0.0066	0.6	2653	78	2289	41	1896	32
	7	0.1099	0.0031	5.0350	0.1381	0.3304	0.0042	0.6	1798	50	1825	23	1840	20
	8	0.0744	0.0058	0.2015	0.0139	0.0203	0.0005	1.3	1054	183	186	12	130	3
	9	0.0732	0.0087	0.1945	0.0197	0.0206	0.0008	1.2	1020	238	180	17	131	5
	10	0.0933	0.0078	0.2590	0.0201	0.0209	0.0006	0.8	1494	160	234	16	133	4

中，前寒武纪锆石年龄采用$^{207}Pb/^{206}Pb$年龄，而显生宙锆石年龄采用$^{206}Pb/^{238}U$年龄(Liu et al,2010)。

样品XH02－12中的锆石晶体长度介于20～200μm之间，晶体长宽比介于1∶1～3∶1之间。10个测试点给出的Th/U比值介于0.3～1.2之间，$^{206}Pb/^{238}U$年龄介于127～134Ma之间，加权平均$^{206}Pb/^{238}U$年龄为(129.7±2.7)Ma，*MSWD*等于0.2(图5－1)。样品XH40－3中的锆石长度介于20～100μm之间，晶体长宽比介于1∶1～2∶1之间。一个锆石颗粒上的两个测试点给出的$^{207}Pb/^{206}Pb$年龄分别为1798Ma和2653Ma，另一个锆石的$^{207}Pb/^{206}Pb$年龄为909Ma，这充分说明继承锆石的存在。剩余的7个测试点给出的Th/U比值介于0.7～2.1之间，$^{206}Pb/^{238}U$年龄介于123～134Ma之间，加权平均$^{206}Pb/^{238}U$年龄为(128.3±2.8)Ma，*MSWD*等于1.5(图5－1)。

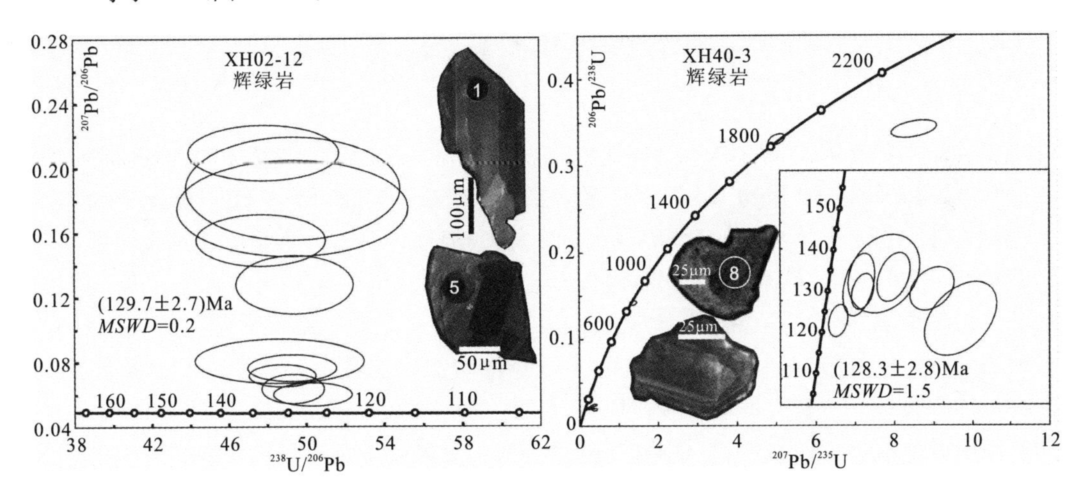

图5－1　辉绿岩脉LA－ICPMS锆石U－Pb谐和年龄图

第六章 大别山早白垩世富集地幔特征

以作者详细研究的小河口杂岩体为例，讨论岩浆分离结晶和同化混染作用对元素及同位素的贡献，进而认识大别山早白垩世富集地幔的特征。

第一节 岩浆分离结晶

小河口杂岩体辉石岩类、辉长岩类、淡色辉长岩类和二长岩类中都产出闪长质包体，这些闪长质包体的矿物组合和矿物成分非常一致，它们在辉石岩类和辉长岩类中的含量远远高于在淡色辉长岩类与二长岩类中的含量。结合小河口杂岩体各种岩石类型野外产出特征和矿物成分系统性变化特征，说明小河口杂岩体内不同岩石类型是由一个共同的母岩浆经过不同程度的分离结晶形成的。

哈克图解与矿物结构和成分相结合，就可以有效地提供岩浆液相演化线和结晶的矿物组合。野外接触关系表明在小河口杂岩体所有岩石类型中辉石岩类最先形成，主要由粗粒、被熔蚀的辉石组成，这说明辉石是最早结晶的，并且形成了堆晶岩。辉石岩类比辉长岩类具有更高的 SiO_2 含量，因此，母岩浆的 SiO_2 必定低于辉石岩类的 SiO_2，并且在结晶辉石堆晶的初始演化阶段，母岩浆的 SiO_2 也必定是要降低的。辉长岩类和辉石岩类具有相同的 CaO、FeO 含量和不同的 MgO 含量，这可说明斜方辉石结晶较早。辉石岩类中少量细粒，呈填隙结构的斜长石、黑云母、角闪石和橄榄石通常包围和熔蚀早期辉石堆晶，说明这些矿物结晶自堆晶空隙间的熔体。辉石岩类与辉长岩类中的辉石和斜长石具有基本相当的成分，支持辉石堆晶空隙间的熔体与演化的岩浆房保持平衡，此时该岩浆房岩浆成分可用辉长岩类来代表。

当哈克图解中 SiO_2 的趋势由下降变为上升时，起初呈升高趋势的 TiO_2、Fe_2O_3、P_2O_5、V、Sr 和 Eu 都变为下降趋势，这说明铁钛氧化物、磷灰石和斜长石开始结晶(图 4-1 和图 4-2)。相反的，FeO、MgO、CaO、Cr 和 Ni 的趋势由陡峭降低变为缓慢降低，这说明辉石还在继续结晶。淡色辉长岩类和二长岩类中具熔蚀结构的辉石和斜长石也进一步证实了这两类矿物的结晶。与第一组淡色辉长岩类比较，第二组淡色辉长岩类含有长柱状磷灰石，富钙斜长石含量也很高，在化学成分上 TiO_2、Fe_2O_3、P_2O_5、V、Rb、La、Eu 含量较低，SiO_2、Sr 含量较高，说明高密度的铁钛氧化物和磷灰石与低密度的斜长石进一步结晶分离，这就可以解释第一组淡色辉长岩类正好位于液相演化线上，而第二组远远偏离了液相演化线。

二长岩类中长英质成分的基质、被钾长石熔蚀的斜长石斑晶说明残余液相岩浆是高度演化的熔体。演化的岩浆房成分由辉长质先转变为淡色辉长质，进而演化为二长质。结晶相矿物组合包括第一阶段的辉石和第二阶段的辉石、斜长石、铁钛氧化物及磷灰石。

小河口杂岩体四类主要岩石类型中的闪长质包体具有相同的矿物组合和矿物成分，通常含有约80%的斜长石，斜长石牌号也与辉石岩类、辉长岩类、淡色辉长岩类和二长岩类中的斜长石牌号类似。然而，闪长质包体中的辉石成分与辉石岩类及辉长岩类中的辉石成分不同，却与淡色辉长岩及二长岩类中的辉石成分相同。闪长质包体中的黑云母成分也类似于辉长岩类、淡色辉长岩类及二长岩类中黑云母的成分。因此，闪长质包体代表在岩浆固结阶段捕获并封闭的填隙熔体，这些填隙熔体未封闭前与演化的岩浆房连通并保持平衡。

岩浆成因单斜辉石的 Na_2O 含量与压力关系密切，但受温度的影响有限(Gao et al，2008)。小河口杂岩体单斜辉石的 Na_2O 含量变化在0.4～0.8之间，对应的结晶压力约为0.5～1.5GPa(Nimis et al，1998)。依据角闪石铝压力计(Schmidt，1992)，来自辉石岩类、辉长岩类、淡色辉长岩类、二长岩类的钙角闪石给出的结晶压力范围为0.70～0.74GPa。因为角闪石在各类岩石中通常作为填隙相出现，明显晚于辉石和斜长石结晶，因此，由角闪石得到的结晶压力必须被当作压力最小值。野外和实验岩石学研究表明，仅含少量橄榄石的辉石堆晶岩通常在高压条件下(约1GPa)由辉长质熔体中结晶(Hermann et al，2001；Villiger et al，2007)。综上所述，小河口杂岩可能经历了高压条件下的分离结晶作用，其液相演化早期为富铁的趋势，晚期为富硅的趋势。

第二节　岩浆同化混染

来自小河口杂岩体边部的辉长苏长岩样品06XH02－7由45%斜长石、25%单斜辉石、20%斜方辉石、5%黑云母和3%石英组成，样品中斜长石富钠，牌号为24～30，局部被钾长石熔蚀。同时，该样品含有较高的 SiO_2、较高的Sr同位素初始比值和较低的 $\varepsilon_{Nd}(t)$ 值，它们的值分别为55.5%、0.707 535和－18.8。该样品这些特征说明强烈的地壳同化混染作用。辉长岩类和混合岩/长英质片麻岩围岩之间复杂的野外穿插和反应关系也支持强烈的地壳混染作用。辉石岩类、辉长岩类、淡色辉长岩类和二长岩类的 I_{Sr} 和 $\varepsilon_{Nd}(t)$ 比值分别与 SiO_2 呈正相关和反相关关系，分别与MgO呈反相关和正相关关系(图6－1)，这与母岩浆同时经历了分离结晶和同化混染的结论是一致的。辉石岩类是堆晶岩，比部分辉长岩类样品，如06XH02－3、XH10－3、XH11－5和XH13－5相比具有较高的 I_{Sr} 比值和较低的 $\varepsilon_{Nd}(t)$ 比值。

围岩混染可导致侵入体内微量元素与同位素的均一化(Zhao et al，2011)。样品06XH02－7、XH37－1、XH34－1取自岩体边部离围岩较近的部位，它们具有最高的 I_{Sr} 比值和最低的 $\varepsilon_{Nd}(t)$ 比值，与远离岩体边部的同种岩石类型样品相比较，它们也具有最演化的主量元素与微量元素特征，它们的Sr－Nd同位素比值也落入了大别杂岩中长英质片麻岩的Sr－Nd同位素范围。同时，样品XH34－1中发现了大量的继承锆石，小河口岩体边部具有大量来自大别杂岩的围岩捕虏体。这些结果毫无例外地说明，长英质片麻岩不同程度的混染在岩体边部的形成过程中起到了重要作用。早白垩世混合岩是小河口杂岩体的主要围岩之一，其形成的压力范围是0.5～0.7GPa(Wang et al，2013)。同时，根据角闪石铝压力计(Schmidt，1992)，小河口杂岩体中，来自二长岩类和闪长质包体中的角闪石给出的结晶压力为0.22～0.38GPa。因此，长英质片麻岩对杂岩体边部的混染作用可能发生在低压条件下，推测小于0.5GPa。

分离结晶作用与同化混染作用的同步发生会导致侵入体内岩石微量元素和同位素规律性

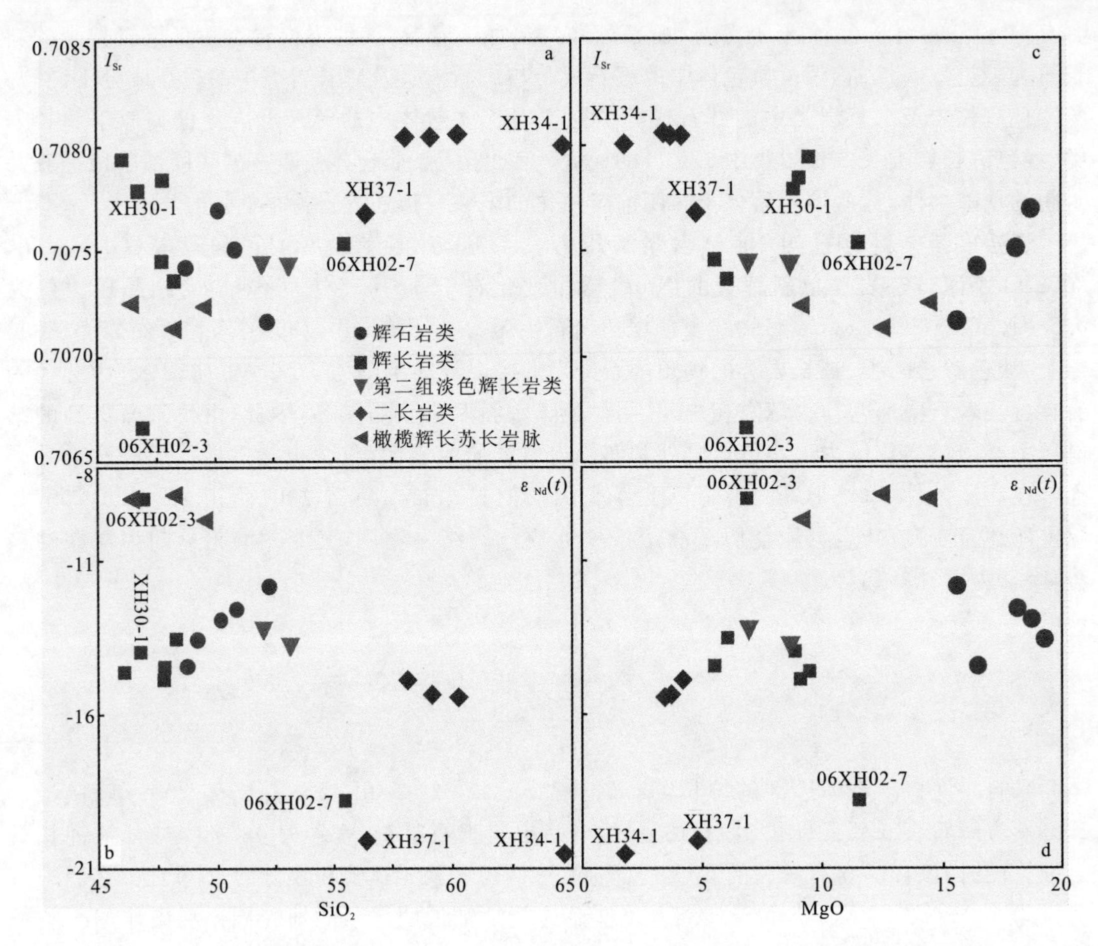

图 6－1　小河口杂岩体各种岩石类型 I_{Sr}－SiO_2、$\varepsilon_{Nd}(t)$－SiO_2、I_{Sr}－MgO、$\varepsilon_{Nd}(t)$－MgO 图解

的变化(Bigazzi et al,1986;Reiners et al,1995)。小河口杂岩体内四种主要岩石类型的 I_{Sr} 和 $\varepsilon_{Nd}(t)$ 比值与 SiO_2 的相关关系说明,母岩浆同时经历了分离结晶作用与同化混染作用(图 6－1)。如上文所述,小河口杂岩体母岩浆分离结晶形成辉石岩堆晶岩是在较高的压力条件下发生的,因此,同步的分离结晶作用与同化混染作用也发生在较高的压力条件下,这与低压条件下、主要发生在岩体边部的长英质片麻岩围岩的同化混染作用是不同的。综上所述,小河口杂岩体形成过程中发生了两种不同类型的同化混染作用,早期同化混染作用是在较高压力条件下发生的,并与分离结晶作用同步进行,晚期长英质片麻岩同化混染作用发生在较低压力条件下,影响范围局限于岩体边部。

第三节　岩浆分离结晶与同化混染模拟

研究中作者用同位素混合计算方法来评估小河口杂岩体的地壳同化混染作用(Ma et al,2000),同时,用 MELTS 程序模拟计算结晶矿物相和与其平衡的熔体相(Ghiorso et al,1995;Asimow et al,1998)。

在作者研究的所有辉长岩类样品中，辉长岩样品 06XH02－3 具有最低的 I_{Sr} 比值和最高的 $\varepsilon_{Nd}(t)$ 比值，因此可以选择该样品来代表母岩浆的 Sr－Nd 同位素成分。选择扬子克拉通基底崆岭杂岩(Zhao et al,2013)的长英质片麻岩样品 H45(Ma et al,2000)来代表大别造山带太古宙长英质大陆下地壳。用这两个样品来模拟计算与分离结晶同步进行的同化混染作用，计算结果表明，约 10％长英质片麻岩的同化混染作用就可以产生小河口杂岩二长岩类的 Sr－Nd 同位素成分(图 4－3c)，这种同化混染作用与分离结晶作用同步，需要的长英质片麻岩的量相对较少，如果考虑到岩浆系统的热量平衡和岩石的元素含量，这种程度的同化混染作用是可行的(Jahn et al,1999)。可以发现，样品 06XH02－7、XH37－1 与 XH34－1 正好位于模拟计算所得的混合线上(图 4－3c)，然而，这些样品取自岩体边部，与大别杂岩中的混合岩或长英质片麻岩接触，因此不太可能与崆岭杂岩中长英质片麻岩的同化混染作用相关联。

选择大别杂岩中的长英质片麻岩样品 96～110 来评估靠近小河口杂岩体边部的围岩同化混染作用(Ma et al,2000)。与样品 06XH02－3 代表的母岩浆联合模拟，计算结果表明，混染程度较强的辉长苏长岩样品 06XH02－7 需要约 70％长英质片麻岩的同化混染作用(图 4－3d)，如此巨量的同化混染作用会极大地改变岩石的主量元素成分，因此通常是不太可能发生的。这也说明，经过早期与分离结晶同步的同化混染作用，母岩浆必定在同位素组成上已经初步富集，因此就不能用代表母岩浆同位素组成的辉长岩样品 06XH02－3 来模拟计算。换用同位素组成比辉长岩样品 06XH02－3 更为富集的样品(如 06XH01－2)来模拟计算围岩同化混染作用，结果表明，要形成辉长苏长岩样品 06XH02－7 的 Sr－Nd 同位素特征，至少需要 15％长英质片麻岩的同化混染作用(图 4－3d)。

细粒辉长苏长岩样品 XH30－1 采自小河口杂岩体的边部，可以用来估计小河口杂岩体母岩浆的主量元素成分。该样品具有较高的 TiO_2 与 Fe_2O_3 含量，以及较低的 SiO_2 含量，演化的程度还较低(图 4－1)。因为斜方辉石先行结晶，加入约 12.5％的斜方辉石至样品 XH30－1 来获得小河口杂岩体母岩浆的主量元素成分(用 P 代表，图 4－1)。在用 MELTS 程序模拟计算时，氧逸度选择 FMQ＋3(FMQ 指铁橄榄石-磁铁矿-石英缓冲剂)时可以形成样品 XH30－1 和母岩浆 P 的 Fe_2O_3/FeO 比值，因此用该氧逸度模拟计算等压平衡分离结晶作用。

MELTS 程序模拟计算结果表明，当压力小于 0.2GPa 时，橄榄石将发生分离结晶，岩浆液相线将向富硅方向演化。当压力处于 0.2～0.5GPa 时，也没有产生明显富氧化铁的演化趋势(如 0.3GPa，图 4－1)。在压力大于 1.0GPa 时，石榴子石将作为结晶相在岩浆演化晚期出现并代替斜长石。当压力处于 0.6～0.8GPa 时，模拟得到的岩浆液相成分演化趋势与由矿物学和地球化学建立的液相演化线符合较好(图 4－1)，模拟得到的结晶相矿物包括第一阶段的低铁斜方辉石与高镁单斜辉石，以及第二阶段的高铁斜方辉石、低镁单斜辉石和斜长石(图 6－2)。尖晶石和磷钙矿在模拟岩浆演化的晚期出现，而且磷钙矿在温度约为 1090℃时被磷灰石代替。在 0.8GPa 时，分离自最终残余液相的尖晶石分子式为 $Fe_{0.92}Mg_{0.16}Fe_{1.56}Al_{0.25}Cr_{0.05}Ti_{0.07}O_4$，主体由磁铁矿端元构成。这些模拟得到的结晶矿物相组合与小河口杂岩体里观察到的矿物相组合比较一致。而且，不管用样品 XH30－1 还是计算得到的母岩浆 P 来模拟计算，得到的液相演化趋势与结晶矿物相都非常一致，只是用母岩浆 P 来模拟计算时，得到的液相在开始演化时明显具有较高的 Fe_2O_3 和较低的 SiO_2，在液相演化晚期时具有明显较高的 K_2O 含量，该结果更接近由矿物学和地球化学建立的液相演化线。

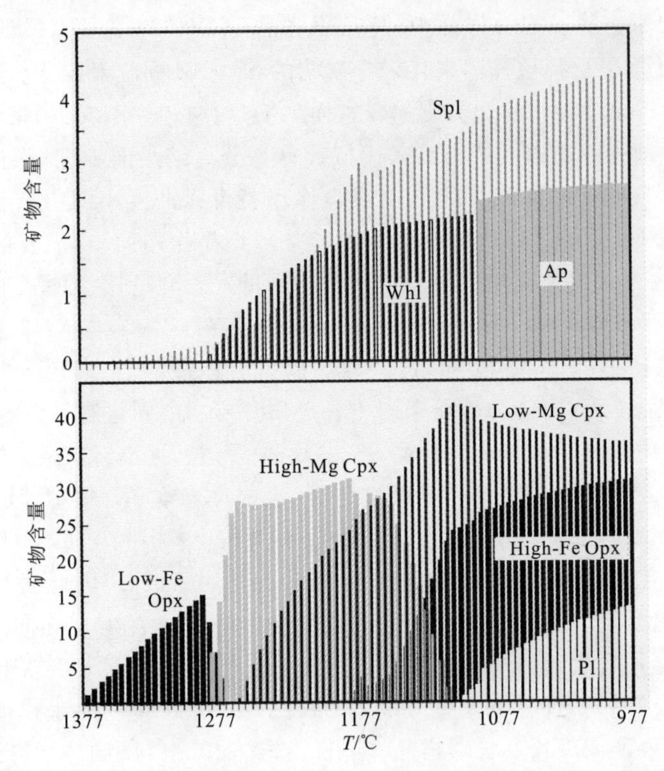

图 6-2　在 0.8GPa 条件下 MELTS 程序模拟的各结晶矿物相与其含量

Ap. 磷灰石；Cpx. 单斜辉石；Opx. 斜方辉石；Pl. 斜长石；Spl. 尖晶石；Whl. 磷钙矿

第四节　大别山早白垩世富集地幔特征

四个辉长岩类样品 06XH02-3、XH10-3、XH11-5 与 XH13-5 由基本相近的 Sr-Nd 同位素组成，它们具有最低的 I_{Sr} 比值和最高的 $\varepsilon_{Nd}(t)$ 比值，相当于典型的 I 型富集地幔（图 4-3c）。根据不同的野外产状和矿物组合特征，这四个样品中的粗粒辉长岩样品 06XH02-3 采自岩体中心，可能是在高压条件下从稍早活动的岩浆结晶的，而样品 XH10-3、XH11-5 与 XH13-5 来自不同的细粒橄榄辉长苏长岩脉，代表低压条件下从稍晚活动岩浆结晶的产物，两次基本连续的岩浆活动具有相同的同位素组成和不同的侵位深度，说明这两次岩浆活动可能起源于相同的源区，并且地壳混染的程度很低。这种特征说明，这四个样品的 I 型富集地幔 Sr-Nd 同位素特征是来自与 I 型富集地幔相类似的地幔源区。

橄榄辉长苏长岩脉的微量元素组成基本相同，以显著的 Eu 正异常（Eu/Eu^{*} =1.03～1.32）和强烈的 Th、U、Nb、Ta、Zr、Hf、Ti 亏损为特征（图 6-3），明显体现镁铁质堆晶的特征。在这种情况下就需要恢复母岩浆的微量元素组成。用前人的方法（Guo et al，2015），选择样品 XH13-5 来计算，模拟结果从整体上来说与小河口辉长岩类的微量元素特征非常类似，体现了与弧相关的微量元素的特征，即富集大离子亲石元素和轻稀土元素，亏损高场强元素与重稀土元素（图 6-3）。

与小河口杂岩体中的辉长岩类及大别杂岩、崆岭杂岩中的长英质片麻岩相比，橄榄辉长苏长岩脉的不相容微量元素，如 Rb、Ba、K、Th 和 U 最低，这也说明它们的混染程度很低。与混染程度最强的样品 06XH02－7 相比，混染程度最小的辉长岩样品 06XH02－3 具有相同的 Rb、Ba、K 的特征和不同的 Th、U 的特征，这可能与该样品含有较多的黑云母(10%～15%)相关。因为围岩同化混染会使样品 06XH02－3 的不相容元素增加到与样品 06XH02－7 相同的水平，如此不一致的不相容元素特征说明对于样品 06XH02－3 来说，同化混染是不重要的。因此，小河口杂岩体里上述四个辉长岩样品在同位素特征上近似相当于母岩浆，并且可能源自与Ⅰ型富集地幔类似的富集地幔。

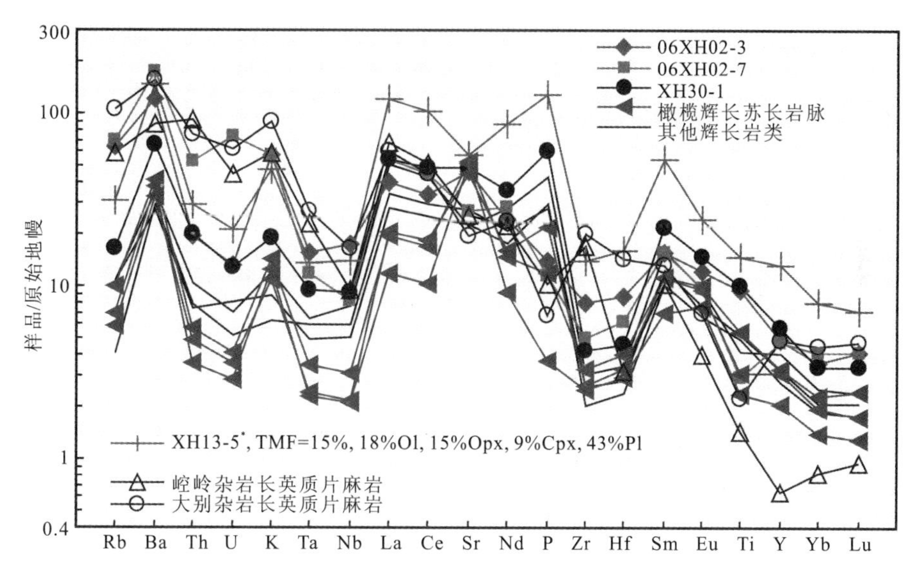

图 6－3　辉长岩类和橄榄辉长苏长岩脉原始地幔标准化蛛网图

XH13－5* 代表由样品 XH13－5 计算得到的微量元素成分(Guo et al,2015)；TMF 代表捕获的熔体组分；Ol. 橄榄石；Opx. 斜方辉石；Cpx. 单斜辉石；Pl. 斜长石

小河口杂岩体里 I_{Sr} 比值最高的样品来自杂岩体边部演化程度最高的二长岩类，其比值变化范围为 0.708 005～0.708 055，该 I_{Sr} 比值变化范围低于前人研究成果里同位素最富集的数据 0.7111～0.711 25(图 4－3a)，也远低于前人一件角闪辉石岩样品的初始 Sr 同位素组成 0.739 04(Li et al,1998)。作者研究最低 $\varepsilon_{Nd}(t)$ 比值的样品来自岩体边部高度混染的辉长苏长岩样品及岩体边部高度演化的闪长岩与石英二长岩样品，其比值变化范围为－18.8 至－20.5。同时，前人文献里 $\varepsilon_{Nd}(t)$ 比值小于－18 的样品主体来自角闪石岩和中性岩石(图 4－3a)(Li et al,1998；Jahn et al,1999；Dai et al,2012)。前人研究成果里没有给出这些样品的野外产出位置，来自杂岩体边部的中性侵入岩在以前的研究中从来没有被重视。例如，前人研究的具有超级富集 Sr－Nd 同位素特征的角闪石岩是否与小河口杂岩体里的角闪辉长伟晶岩和角闪石岩相同，还不清楚，但在小河口杂岩体里，这些角闪辉长伟晶岩和角闪石岩明显代表演化程度最高的富水残余熔体。同样的，早白垩世镁铁质岩脉和镁铁质火山岩高度富集的同位素组成也与小河口杂岩体里各类岩石的同位素范围互相重叠(图 4－3a)，也可能是来自与Ⅰ型富集地幔类似的地幔源区并经历了不同程度的地壳混染。因此，前人提出的用来解释高度富集地幔的模式，如俯冲陆壳或拆沉下地壳与地幔橄榄岩的相互反应形成富集地幔，并

不适合用来解释小河口杂岩体的成因。

基于晚中生代基性岩和碳酸岩高度变化的同位素数据(图 4-3b),前人认为华北克拉通之下存在一个高度富集并且不均一的岩石圈地幔(Zhang et al,2004)。最近的研究认为,华北克拉通中部济南辉长岩体在下地壳经历了同化混染与分离结晶作用,混染物主要是长英质岩石,这种机制导致了岩石高度富集的同位素组成,这些作者进一步提出华北克拉通之下高度富集的地幔可能是不存在的(Guo et al,2013)。在济南辉长岩体和小河口杂岩体里,除前者 Sr 同位素组成稍低于后者外,同位素最亏损的样品具有近似相当的同位素组成,并且与经典的Ⅰ型富集地幔类似(图 4-3b),说明华北克拉通岩石圈地幔可能是不均一的Ⅰ型富集地幔。通常认为典型的Ⅰ型富集地幔形成于俯冲组分的交代作用(Hofmann,1997)。早白垩世时古太平洋板块俯冲至中国东部之下的观点被广泛接受(Wu et al,2005;Yang et al,2008;Li et al,2012;Tang et al,2013),俯冲组分的交代作用可能形成了华北克拉通及大别山的Ⅰ型富集地幔。

第七章　大别山岩石圈地幔减薄机制

第一节　碱性岩脉成因

大别山早白垩世镁铁质-超镁铁质杂岩体里的辉绿岩脉与闪长玢岩脉的野外接触关系、矿物成分、全岩主量元素与微量元素地球化学特征表明，分离结晶作用在岩脉的形成过程中起到了重要的影响。辉绿岩脉中被熔蚀的辉石斑晶与基质里的辉石矿物相比具有较高的 MgO 值，环带辉石的核部与边部相比也具有较高的 MgO 含量。同样的，斜长石斑晶具有富钙和熔蚀的核部，而富钠的边部往往与基质里的斜长石具有相同的牌号。前人研究提出，产于辉绿岩脉中的富硅分异体结晶自寄主辉绿岩(Marsh,2002)，作者所做工作中，辉绿岩脉中闪长质分异体的产状和成分与前人描述的辉绿岩脉中富硅分异体完全相同。而且，闪长玢岩脉样品 XH02－9 与闪长质分异体具有完全相同的矿物组合和成分，证实它们具有相同的来源，即都是分离结晶的产物。

在这些岩脉样品中，样品 06XH02－1 具有最高的 I_{Sr} 比值和最低的 $\varepsilon_{Nd}(t)$ 比值，其 Sr－Nd 同位素比值也与分异成因的闪长玢岩脉样品 XH02－9 相同，这强烈指示了同化混染在岩石形成过程中的影响(图 4－7a)。样品 XH40－3 中存在太古宙-古元古代锆石进一步支持古老地壳物质的同化混染。作者在研究中应用同位素混合模拟计算来评估地壳同化混染的程度(Ma et al,2000)。在第一组辉绿岩脉样品里，样品 XH03－8 具有最高 $\varepsilon_{Nd}(t)$ 比值，在第二组辉绿岩脉样品中，样品 XH02－12 具有最高的 $\varepsilon_{Nd}(t)$ 比值，选择这两个样品来限制需要同化混染的地壳物质的最大量(图 4－7a)。选择扬子克拉通基底崆岭杂岩(Zhao et al,2013)的长英质片麻岩样品 H45(Ma et al,2000)来代表大别造山带太古宙长英质大陆下地壳(图 4－7b)。计算结果表明，由样品 XH03－8 到样品 06XH02－1 或由样品 XH02－12 到样品 06XH03－3，约需要 10％的长英质片麻岩参加同化混染作用过程。如果考虑到岩浆系统的热量平衡和岩石的主量元素含量，这种程度的同化混染作用是可行的(Jahn et al,1999)。对于闪长玢岩样品 XH02－9 来说，其相对辉绿岩脉较高的 I_{Sr} 比值可能与同时混染了崆岭杂岩及大别杂岩中的长英质片麻岩有关，这是由于大别杂岩中的长英质片麻岩是小河口杂岩的围岩，而且具有较高且与大陆上地壳一致的 I_{Sr} 比值(Jahn et al,1999)。同位素混合模拟计算表明，总共需要约 22％来自崆岭杂岩和大别杂岩长英质片麻岩的同化混染才能形成闪长玢岩的同位素组成(图 4－7c)。

镁铁质岩脉可能起源于软流圈地幔或岩石圈地幔，并且可能经历了同化混染与分离结晶作用(Zhao et al,2010)。作者研究的辉绿岩脉具有富集的 Sr－Nd 同位素特征，而且在研究区内没有报道同期软流圈来源的镁铁质岩石，因此软流圈地幔物质不太可能影响所研究的辉绿岩脉。两组辉绿岩不同的地球化学特征说明，它们可能形成于均一或不均一富集地幔不同程度的部分熔融，然后经历了同化混染与分离结晶作用(Shaw et al,2003;Espinoza et al,2008;He et al,2010;Li et al,2010;Zhao et al,2010)。地壳混染作用对所研究辉绿岩脉形成的重要贡献能够解释为什么样品06XH02-1具有超级富集的Sr-Nd同位素特征，进而说明高度富集地幔是不必要的。

第一组辉绿岩脉与第二组辉绿岩脉相比具有较高MgO、CaO、Ni、Cr含量，较低的大离子亲石元素与轻稀土元素含量，以及较富集的Sr-Nd同位素特征(图4-4,图4-7,图7-1)。假如考虑均一的富集地幔源区，第一组辉绿岩脉与第二组辉绿岩脉相比就会在主量元素及微量元素方面接近母岩浆，却在Sr-Nd同位素方面远离母岩浆，这与事实明显不符合，因此，均一的富集地幔源区是不可能的，小尺度范围内不均一的富集地幔更适合用来解释作者所研究的辉绿岩脉。

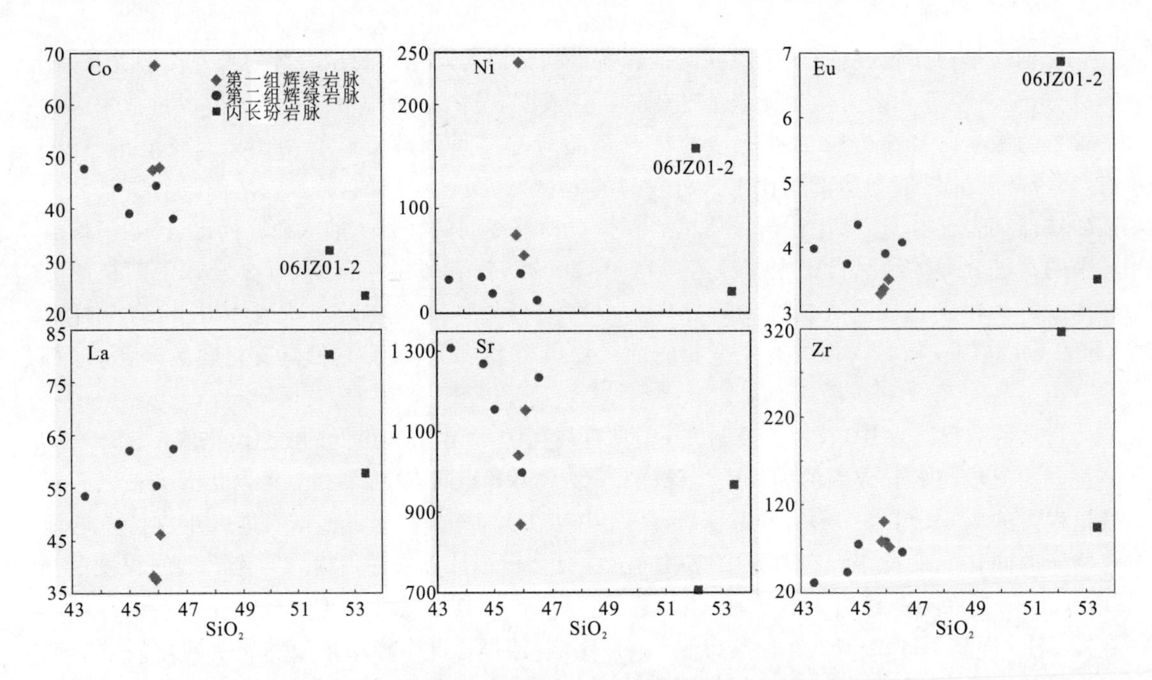

图7-1　大别山辉绿岩脉与闪长玢岩脉微量元素哈克图解

地幔里低程度的部分熔融作用与高程度的部分熔融作用相比将明显富集不相容元素且亏损相容元素(Zhao et al,2014)。第二组辉绿岩脉具有较高的不相容元素含量，很可能是低程度部分熔融的产物，而第二组辉绿岩脉具有较低的不相容元素含量，可能是较高程度部分熔融的产物。

作者所研究的两组辉绿岩脉由不同程度的部分熔融作用导致，可由原始地幔平衡部分熔融模拟计算来证实。计算结果表明，第二组辉绿岩脉样品的La/Sm、Dy/Yb、Sm/Yb与La/Yb比值沿石榴子石二辉橄榄岩熔融曲线分布且处于低程度熔融区域，而第二组辉绿岩脉样品分布在高程度部分熔融区域(图7-2)，而且，形成辉绿岩脉要求的部分熔融程度都低于10%，这与这些辉绿岩脉标准矿物中出现霞石是一致的(Depaolo et al,2000)。因为地幔交代相矿物角闪石和多硅白云母中大离子亲石元素的分配系数很高，如果地幔源区出现这些矿物相，熔体中大离子亲石元素的含量就很较低(Latourrette et al,1995)，所有作者所研究的辉绿

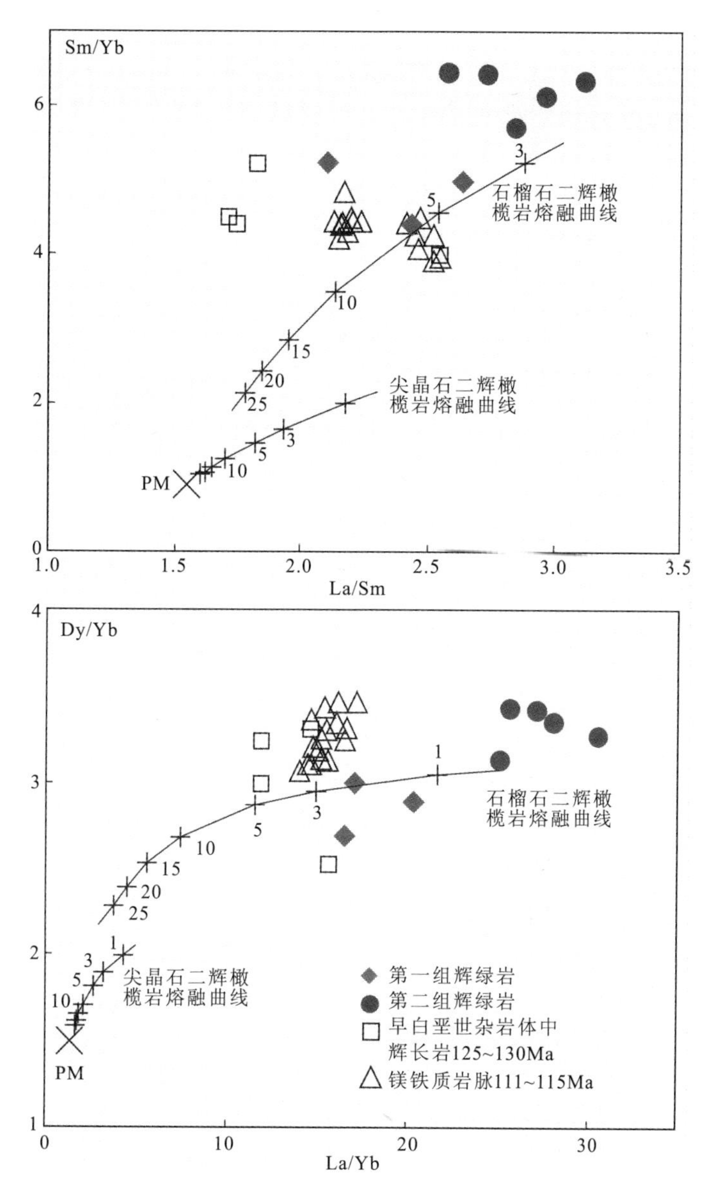

图 7-2 大别山辉绿岩脉 La/Sm-Sm/Yb 及 La/Yb-Dy/Yb 图解

熔融曲线由原始地幔尖晶石二辉橄榄岩(Ol60%+Opx20%+Cpx10%+Spl10%)和石榴子石二辉橄榄岩(Ol60%+Opx20%+Cpx10%+Gt10%)平衡部分熔融模拟计算而来。曲线上的数字代表部分熔融程度。Ol. 橄榄石;Opx. 斜方辉石;Cpx. 单斜辉石;Spl. 尖晶石;Gt. 石榴子石

岩脉样品均具有较高的大离子亲石元素含量,排除了地幔源区出现交代相矿物如角闪石和多硅白云母的可能。因此,不均一富集地幔不同程度的部分熔融也可以解释作者所研究的辉绿岩脉的主量元素与微量元素特征。

闪长玢岩脉样品 06JZ01-2 的成分特征比较特殊,与其他同类岩性样品相比,它同时具有较高的不相容元素含量,如 Rb 和 Zr,较高的相容元素含量,如 Ni 含量为 157×10^{-6},Cr 含量为 458×10^{-6},以及较高的 I_{Sr} 比值和 $\varepsilon_{Nd}(t)$ 比值,这种特征可能是由不均一的富集地幔部分熔

融形成后经历了分离结晶作用导致的。

总结起来，大别山辉绿岩脉起源于不均一富集地幔不同程度的部分熔融，然后经历了地壳同化混染与分离结晶作用。一些闪长玢岩脉由辉绿岩浆经历地壳同化混染与分离结晶作用形成，另一些闪长玢岩脉可能没有经历地壳同化混染作用。不均一的富集地幔可能形成于俯冲组分的交代作用(Hofmann,1997)，早白垩世时古太平洋板块俯冲至中国东部之下的观点被广泛接受(Wu et al,2005;Yang et al,2008;Li et al,2012;Tang et al,2013)，俯冲组分的交代作用可能形成了华北克拉通及大别山的Ⅰ型富集地幔。

第二节　岩石圈地幔减薄机制

许多研究证实，大别山高压-超高压变质岩石形成于三叠纪约230Ma，由扬子克拉通深俯冲于华北克拉通之下导致，俯冲深度大于120km，局部可能大于200km(Zhang et al,2009)。高压-超高压变质岩石在210Ma之前快速折返(Liu et al,2011;Shi et al,2014)，并被发生于约200～210Ma的麻粒岩相变质作用和发生于180～200Ma的角闪岩相退变质作用所叠加(Liu et al,2015)。大部分研究人员认为该时期的变质作用(180～230Ma)处于挤压的构造背景(索书田等,2005)。在晚侏罗世—早白垩世时，地壳尺度的减薄作用和窟窿作用被认为形成于伸展背景，产生了广泛的花岗岩、混合岩以及绿片岩相变质作用，同时在造山带核部及两侧的边界断裂发生了NW或WNW向剪切作用(Xu et al,2002;马昌前等,2003;Wang et al,2011)。在这种背景下，大量早期埃达克质花岗岩(>130Ma)形成于加厚地壳(40～50km)，晚期非埃达克质花岗岩(<130Ma)形成于地壳浅部(<30km)，这种花岗岩成因类型的转变长期以来被认为代表大别山地壳伸展作用的开始(马昌前等,2003;Xu et al,2007)。但是，由挤压向伸展转变的时间近来被质疑，认为伸展作用开始于早白垩世埃达克质花岗岩侵位之后(Deng et al,2013)。而且，大别山关于早白垩世伸展作用与岩石圈地幔之间的关系还存在如下科学问题：①岩石地幔何时开始减薄？②岩石圈减薄与地壳减薄是否藕合？

早白垩世小河口杂岩体内辉长岩的I_{Sr}比值和$\varepsilon_{Nd}(t)$比值分别介于0.706 658～0.707 251之间和−8.9～−9.7之间(图4-7d)，含有3%～23%斜方辉石标准矿物，属于拉斑玄武质，起源于富集地幔。辉绿岩脉明显侵入早白垩世杂岩体，说明其晚于小河口辉长岩，一般含有小于5%的霞石标准矿物，属于碱性玄武质，起源于不均一的富集地幔。早白垩世镁铁质岩脉侵位年龄为111～115Ma(Chen et al,2011;Dai et al,2013)，位于大别山麻城附近，I_{Sr}比值和$\varepsilon_{Nd}(t)$比值分别为0.703 863～0.704 933和−1.5～4.8(图4-7d)，含有5%～18%的斜方辉石标准矿物和0～6%的石英标准矿物，属于拉斑玄武质。

小河口杂岩体内125～130Ma辉长岩、辉绿岩脉和镁铁质岩脉的La/Sm、Sm/Yb、La/Yb和Dy/Yb比值均沿石榴子石二辉橄榄岩熔融曲线分布，其中辉绿岩脉位于低程度部分熔融区域，其他两群位于稍高部分熔融程度区域(图7-2)，这种部分熔融程度的区别与它们含有的标准矿物种类保持一致。标准矿物由斜方辉石变为霞石的玄武质熔体可由如下两种情况导致：一种情况是在高压条件下由高程度部分熔融(>10%)变向低程度部分熔融导致的，另一种情况是由低压条件下的部分熔融向高压条件下低程度的部分熔融转变导致的。上述模拟结果表明，大别山上述三群早白垩世镁铁质岩石都来自石榴子石二辉橄榄岩较低程度的部分熔融

(<10%),因此第一种情况是不可能的。综上所述,早白垩世辉长岩的源区应该位于拉斑玄武质熔体的源区范围,当时岩石圈厚度应该大于碱性-拉斑玄武岩源区过渡带。辉绿岩脉形成时,岩石圈厚度大于碱性玄武岩源区的深度。形成111~115Ma的镁铁质岩脉时,岩石圈厚度应该小于碱性-拉斑玄武岩源区过渡带。由上述估计的这些岩石圈深度范围可以得出以下两个结论:一是早白垩世早期拉斑玄武质辉长岩的源区要比稍晚形成的碱性辉绿岩脉源区浅;二是岩石圈厚度在111~115Ma之前强烈减薄。碱性玄武岩源区的深度范围一般比碱性-拉斑玄武岩源区过渡带的深度范围大约20km(Depaolo et al,2000),这说明,大别山至少有20km厚的岩石圈减薄消失。

岩石圈地幔部分熔融通常由压力降低、温度增加或加入挥发分引起。在大别山,软流圈地幔上涌会引起岩石圈地幔底部广泛的部分熔融。如前所述,大别山从三叠纪至中侏罗世处于会聚的构造背景,岩石圈地幔一直持续加厚,对于软流圈上涌背景下基性岩源区变深的唯一解释是,形成辉绿岩脉时岩石圈地幔可能还在加厚。因此,岩石圈地幔可能较晚才发生伸展作用,比前人认为的要晚(马昌前等,2003;Xu et al,2007)。

大别山大量早白垩世埃达克质花岗岩说明,早白垩世存在加厚地壳(40~50km)(Wang et al,2007;Xu et al,2007;Huang et al,2008;Zhang et al,2010;He et al,2011;Zhao et al,2011;Xu et al,2012b;He et al,2013;Xu et al,2013)。目前大别山地壳厚度大约为35km,如果考虑局部存在较薄的地壳根,则厚度可达41km(Wang et al,2000;Dong et al,2008)。因此,估计消失的最大地壳厚度约为15km。很显然,仅仅发生地壳减薄作用不足以抵消岩石圈减薄的幅度,因此岩石圈地幔减薄是必须的。在所有模式中,岩石圈拆沉作用可能比软流圈上升-侵蚀模型更为可行。由于形成大量早白垩世埃达克质花岗岩,在加厚地壳里形成了对应的超镁铁质残留物,这些岩石在加厚下地壳底部相变为榴辉岩相,由于较高的比重,它们可能会沉入岩石圈地幔形成地壳根(Wang et al,2007)。最近无数的模拟实验证实,这是引起岩石圈拆沉最重要的因素(Valera et al,2011;Krystopowicz et al,2013)。大别山早白垩世埃达克质花岗岩、稍后的非埃达克质花岗岩以及同时代的混合岩说明(Wang et al,2013),大别山不同地壳层次发生了广泛的部分熔融作用,这会引起壳内岩石的弱化和软化,从而形成新的流变层(Vanderhaeghe et al,2001;马昌前等,2003),地球物理方法也观察到了这种新的流变层(Zhang et al,2013)。壳内软化流变层的形成使得岩石圈拆沉的发生成为可能。

早白垩世镁铁质-超镁铁质杂岩起源于拉斑玄武岩的源区深度,碱性辉绿岩脉起源于碱性玄武岩的源区深度,以及上涌的软流圈地幔说明岩石圈地幔内具有较高的温度。更为重要的是,作者的研究证实,大别山岩石圈减薄发生在较短的时间范围内,可能约为10Ma,支持岩石圈拆沉模型。需要特别说明的是,在软化的地壳和高温的上地幔背景下,由于反浮力作用,高密度的下地壳根和一部分岩石圈地幔可能一起发生了拆沉(图7-3)。

最后要说明的是,我们最新的数据显示大别山岩石圈地幔在125~130Ma时还在继续加厚,该结论与前人研究花岗岩得出的结论不相一致(Jahn et al,1999;Huang et al,2007;Wang et al,2007;Huang et al,2008;He et al,2013),这种矛盾可能有以下几种解释:①130~125Ma之间存在周期性的减薄和加厚;②地壳减薄、岩石圈地幔加厚,它们之间不耦合;③地壳减薄和拆沉发生在形成碱性辉绿岩脉之后。我们倾向于支持最后一种模式,确实,在大别山大量早期埃达克质花岗岩(>130Ma)形成于加厚地壳(40~50km),晚期非埃达克质花岗岩(<130Ma)形成于地壳浅部(<30km),这种花岗岩成因类型的转变仅仅反映这些岩石源区的变化,而不

是地壳减薄的证据，而且，最新的研究也证实，大别山埃达克质花岗岩形成于挤压变形的背景之下（Deng et al,2013）。

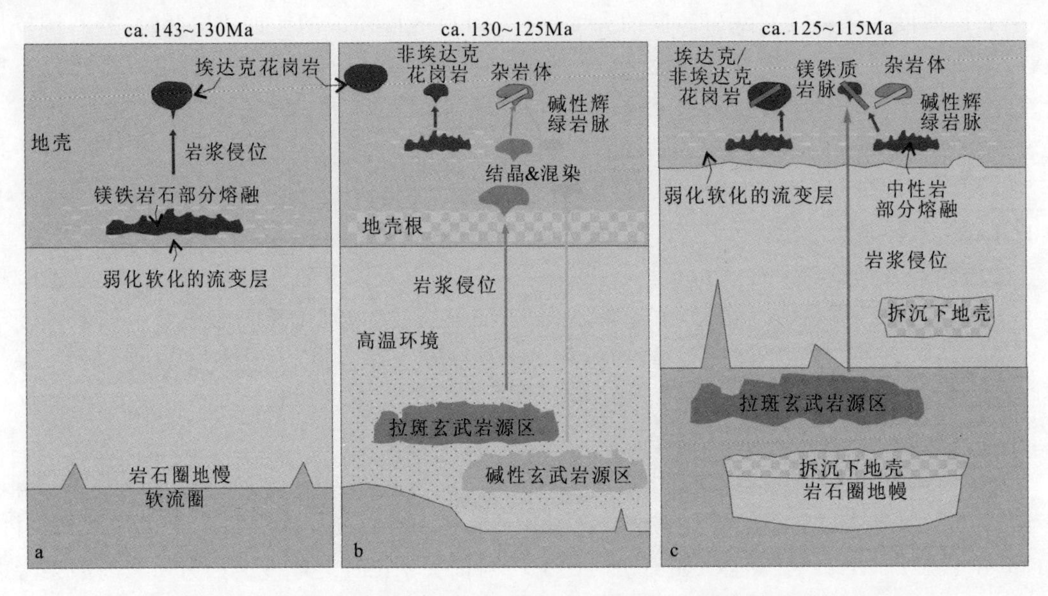

图 7-3　大别山早白垩世侵入岩浆作用与岩石圈地幔拆沉减薄示意图

主要参考文献

陈玲，马昌前，佘振兵，等. 2006. 大别山北淮阳构造带柳林辉长岩：新元古代晚期裂解事件的记录[J]. 地球科学，31(4)：578－584.

葛宁洁，侯振辉，李惠民，等. 1999. 大别造山带岳西沙村镁铁-超镁铁岩体的锆石 U－Pb 年龄[J]. 科学通报，1999(19)：2110－2114.

匡少平. 2000. 大别造山带古、中生代镁铁-超镁铁质岩石地球化学特征及其构造意义[D]. 武汉：中国地质大学(武汉).

李忠，孙枢，李任伟，等. 2000. 合肥盆地中生代充填序列及其对大别山造山作用的指示[J]. 中国科学(D 辑：地球科学)，30(3)：256－263.

李曙光，Hart S R，郑双根，等. 1989. 中国华北、华南陆块碰撞时代的钐-钕同位素年龄证据[J]. 中国科学(B 辑 化学 生命科学 地学)，19(3)：312－319.

李曙光，李秋立，侯振辉，等. 2005. 大别山超高压变质岩的冷却史及折返机制[J]. 岩石学报，21(4)：1117－1124.

李曙光，聂永红，Hart S R，等. 1998. 俯冲陆壳与上地幔的相互作用——Ⅱ. 大别山同碰撞镁铁-超镁铁岩的 Sr，Nd 同位素地球化学[J]. 中国科学(D 辑：地球科学)，(1)：18－22.

李曙光，聂永红，郑双根，等. 1997. 俯冲陆壳与上地幔的相互作用——Ⅰ. 大别山同碰撞镁铁-超镁铁岩的主要元素及痕量元素地球化学[J]. 中国科学(D 辑：地球科学)，6：488－493.

刘庆，侯泉林，周新华，等. 2005. 大别造山带祝家铺辉长岩的铂族元素特征[J]. 岩石学报，20(3)：229－241.

刘晓春，董树文，李三忠，等. 2005. 湖北红安群的时代：变质花岗质侵入体 U－Pb 定年提供的制约[J]. 中国地质，32(1)：75－81.

刘贻灿，李曙光，古晓锋，等. 2006. 北淮阳王母观橄榄辉长岩锆石 SHRIMP U－Pb 年龄及其地质意义[J]. 科学通报，51(18)：2175－2180.

马昌前. 1995. 大陆岩石圈与软流圈之间的耦合关系——大陆动力学研究的突破口[J]. 地学前缘，(2)：159－165.

马昌前，佘振兵，张金阳，等. 2006. 地壳根、造山热与岩浆作用[J]. 地学前缘，13(2)：130－139.

马昌前，明厚利，杨坤光. 2004. 大别山北麓的奥陶纪岩浆弧：侵入岩年代学和地球化学证据[J]. 岩石学报，20(3)：393－402.

马昌前，杨坤光，明厚利，等. 2003. 大别山中生代地壳从挤压转向伸展的时间：花岗岩的证据[J]. 中国科学(D 辑：地球科学)，33(9)：817－827.

马昌前，杨坤光，唐仲华. 1994. 花岗岩类岩浆动力学-理论方法及鄂东花岗岩类例析[M]. 武汉：中国地质大学出版社.

聂永红，李曙光. 1997. 大别山同碰撞镁铁-超镁铁岩侵入体的 Sm－Nd 年龄及其地质意义[J]. 科学通报,(10):1086-1088.

聂永红,李曙光.1998.北大别地体任家湾辉石岩的 Rb-Sr 年代学及冷却史[J].科学通报,(10):1195-1198.

石耀霖,张健.2004.中国东北远离海沟陆内弧后扩张形成新生代火山的深部地球动力学背景[J].地震学报,(S1):1-8.

索书田,钟增球,游振东.2000.大别地块超高压变质期后伸展变形及超高压变质岩石折返过程[J].中国科学(D辑:地球科学),30(1):9-17.

索书田,钟增球,游振东.2001.大别-苏鲁超高压-高压变质带伸展构造格架及其动力学意义[J].地质学报,75(1):14-24.

索书田,钟增球,周汉文,等.2005.大别-苏鲁区超高压变质岩的多期构造变质演化[J].岩石学报,21(4):1175-1188.

王勇生,盛勇,向必伟,等.2012.北淮阳浅变质岩带卢镇关群变质压力及其对大别造山带演化的指示[J].地质论评,(5):865-872.

王清晨,从柏林,马力.1997.大别山造山带与合肥盆地的构造耦合[J].科学通报,(6):575-580.

王强,赵振华,简平,等.2005.华南腹地白垩纪 A 型花岗岩类或碱性侵入岩年代学及其对华南晚中生代构造演化的制约[J].岩石学报,21(3):795-808.

吴昌志,顾连兴,任作伟,等.2004.辽河盆地沙三期火山-侵入岩地球化学与岩石成因[J].岩石学报,20(3):545-556.

许长海,周祖翼,马昌前,等.2001.大别造山带 140～85Ma 热窿伸展作用——年代学约束[J].中国科学(D辑:地球科学),31(11):925-937.

徐树桐,刘贻灿,江利来.2002.大别山造山带的构造几何学和运动学[M].合肥:中国科学技术大学出版社.

薛怀民,刘敦一,董树文,等.2004.湖北新春花岗岩类锆石 SHRIMP 年龄:大别山造山带内弱变质—未变质晋宁期花岗岩类的发现[J].地质学报,18(1):81-88.

闫峻,陈江峰,谢智,等.2003.鲁东晚白垩世玄武岩中的幔源捕虏体:对中国东部岩石圈减薄时间制约的新证据[J].科学通报,48(14):1570-1574.

游振东,韩郁菁,杨巍然.1998.东秦岭大别高压超高压变质带[M].武汉:中国地质大学出版社.

翟明国,江来利,王清晨,等.1999.关于在大别山超高压带内发现浅变质岩片的讨论[J].科学通报,44(14):1560-1568.

张利,周炼,王林森,等.2001.桐柏北部黄岗侵入杂岩岛弧构造环境的厘定[J].矿物岩石地球化学通报,20(4):245-247.

张宏福,周新华,范蔚茗,等.2005.华北东南部中生代岩石圈地幔性质、组成、富集过程及其形成机理[J].岩石学报,27(4):1271-1280.

张宏福,郑建平.2003.华北中生代玄武岩的地球化学特征与岩石成因:以辽宁阜新为例[J].科学通报,48(6):603-609.

张宏飞,高山,张利,等.2000.桐柏北部二朗坪蛇绿岩片中花岗岩:地球化学、成因及对地壳深部物质的指示[J].地质科学,35(1):27-39.

张金阳,马昌前,佘振兵,等.2007.大别造山带北部铁佛寺早古生代同碰撞型花岗岩:地球化学和年代学证据[J].中国科学(D辑:地球科学),37(1):1-9.

郑永飞.2008.超高压变质与大陆碰撞研究进展:以大别-苏鲁造山带为例[J].科学通报,S3(18):2129-2152.

支霞臣.1999.Re-Os同位素体系和大陆岩石圈地幔定年[J].科学通报,44(22):2362-2371.

钟增球,索书田,张宏飞,等.2001.桐柏-大别碰撞造山带的基本组成与结构[J].地球科学,26(6):560-567.

周文戈.1996.秦岭-大别造山带碰撞后陆内构造发展——区域岩浆作用地球化学制约[D].武汉:中国地质大学(武汉).

周金城,蒋少涌,王孝磊,等.2005.华南中侏罗世玄武岩的岩石地球化学研究——以福建藩坑玄武岩为例[J].中国科学(D辑:地球科学),35(10):23-32.

周新华.2006.中国东部中、新生代岩石圈转型与减薄研究若干问题[J].地学前缘,13(2):50-64.

周新华,张宏福,英基丰,等.2005.大陆深俯冲后效作用的地球化学记录——华北中生代岩石圈地幔源区特征变异的讨论[J].岩石学报,21(4):1255-1263.

Artemieva I M, Mooney W D, Perchuc E, et al. 2002. Processes of lithosphere evolution: new evidence on the structure of the continental crust and uppermost mantle[J]. Tectonophysics, 358(1-4):1-15.

Asimow P D, Ghiorso M S. 1998. Algorithmic modifications extending MELTS to calculate subsolidus phase relations[J]. American Mineralogist, 83(83):1127-1132.

Bialas R W, Buck W R. 2009. How sediment promotes narrow rifting: Application to the Gulf of California[J]. Tectonics, 28(4):1-18.

Bigazzi G, Delmoro A, Macera P. 1986. A quantitative approach to trace-element and Sr isotope evolution in the Adamello Batholith (Northern Italy)[J]. Contributions to Mineralogy and Petrology, 94(1):46-53.

Chen B, Jahn B M, Arakawa Y, et al. 2004. Petrogenesis of the Mesozoic intrusive complexes from the southernTaihang Orogen, North China Craton: elemental and Sr-Nd-Pb isotopic constraints[J]. Contributions to Mineralogy and Petrology, 148(4):489-501.

Chen B, Jahn B M, Wei C J. 2002. Petrogenesis of Mesozoic granitoids in the Dabie UHP complex, central China: trace element and Nd-Sr isotope evidence[J]. Lithos, 60:67-88.

Chen F K, Guo J H, Jiang L L, et al. 2003. Provenance of the Beihuaiyang lower-grade metamorphic zone of the Dabie ultrahigh-pressure collisional orogen, China: evidence from zircon ages[J]. Journal of Asian Earth Sciences, 22(4):343-352.

Chen L, Ma C Q, Zhang J Y, et al. 2011. Mafic dykes derived from Early Cretaceous depleted mantle beneath the Dabie orogenic belt: implications for changing lithosphere mantle beneath eastern, China[J]. Geological Journal, 46(4):333-343.

Conceicao R V, Green D H. 2004. Derivation of potassic (shoshonitic) magmas by decompression melting of phlogopite plus pargasite lherzolite[J]. Lithos, 72(3-4):209-229.

Cong B L. 1996. Ultrahigh-pressure metamorphic rocks in the Dabieshan-Sulu region of China[M]. Beijing: Science Press, 1996.

Cooper C M, Lenardic A, Moresi L. 2004. The thermal structure of stable continental lithosphere within a dynamic mantle[J]. Earth and Planetary Science Letters, 222(s3-4):807-817.

Dai L Q, Zhao Z F, Zheng Y F. 2013. Tectonic development from oceanic subduction to continental collision: Geochemical evidence from postcollisional mafic rocks in the Hong'an - Dabie orogens [J]. Gondwana Research, 27(3): 1236 - 1254.

Dai L Q, Zhao Z F, Zheng Y F, et al. 2011. Zircon Hf-O isotope evidence for crust - mantle interaction during continental deep subduction[J]. Earth and Planetary Science Letters, 308 (1-2): 229 - 244.

Dai L Q, Zhao Z F, Zheng Y F, et al. 2012. The nature of orogenic lithospheric mantle: Geochemical constraints from postcollisional mafic - ultramafic rocks in the Dabie orogen[J]. Chemical Geology, 334(1): 99 - 121.

Daley E E, Depaolo D J. 1992. Isotopic evidence for lithospheric thinning during extension - Southeastern Great - Basin[J]. Geology, 20(2): 104 - 108.

De Smet J H, van den Berg A P, Vlaar N J. 1999. The evolution of continental roots in numerical thermo - chemical mantle convection models including differentiation by partial melting[J]. Lithos, 48(1): 153 - 170.

Deng X, Wu K B, Yang K G. 2013. Emplacement and deformation of Shigujian syntectonic granite in central part of the Dabie orogen: Implications for tectonic regime transformation[J]. Science China - Earth Sciences, 56(6): 980 - 992.

Depaolo D J, Daley E E. 2000. Neodymium isotopes in basalts of the southwest basin and range and lithospheric thinning during continental extension[J]. Chemical Geology, 169(1-2): 157 - 185.

Dong S W, Li Q S, Gao R, et al. 2008. Moho - mapping in the Dabie ultrahigh - pressure collisional orogen, central China[J]. American Journal of Science, 308(4): 517 - 528.

Ellam R M. 1992. Lithospheric thickness as a control on basalt geochemistry[J]. Geology, 20: 153 - 156.

Espinoza F, Morata D, Polve M, et al. 2008. Bimodal back - arc alkaline magmatism after ridge subduction: Pliocene felsic rocks from Central Patagonia (47 degrees S)[J]. Lithos, 101(3): 191 - 217.

Fan W M, Guo F, Wang Y J, et al. 2004. Late Mesozoic volcanism in the northern Huaiyang tectono - magmatic belt, central China: partial melts from a lithospheric mantle with subducted continental crust relicts beneath the Dabie orogen? [J]. Chemical Geology, 209(1-2): 27 - 48.

Gao S, Rudnick R L, Carlson R W, et al. 2002. Re - Os evidence for replacement of ancient mantle lithosphere beneath the North China craton[J]. Earth and Planetary Science Letters, 198(3): 307 - 322.

Gao S, Rudnick R L, Xu W L, et al. 2008. Recycling deep cratonic lithosphere and generation of intraplate magmatism in the North China Craton[J]. Earth and Planetary Science Letters, 270(1-2): 41 - 53.

Gao S, Rudnick R L, Yuan H L, et al. 2004. Recycling lower continental crust in theNorth China craton[J]. Nature, 432(7019): 892 - 897.

Ghiorso M, Sack R. 1995. Chemical mass transfer in magmatic processes IV. A revised and internally consistent thermodynamic model for the interpolation and extrapolation of liquid - solid equilibria in magmatic systems at elevated temperatures and pressures[J]. Contributions to Mineralogy and Petrology,119(2):197 - 212.

Gibson S A,Geist D. 2010. Geochemical and geophysical estimates of lithospheric thickness variation beneath Galapagos[J]. Earth and Planetary Science Letters,300(3):275 - 286.

Guo F,Guo J T,Wang C Y,et al. 2013. Formation of mafic magmas through lower crustal AFC processes—An example from the Jinan gabbroic intrusion in the North China Block[J]. Lithos, 179(10):157 - 174.

Guo F,Li H X,Fan W M,et al. 2015. Early Jurassic subduction of the Paleo - Pacific Ocean in NE China: Petrologic and geochemical evidence from the Tumen mafic intrusive complex[J]. Lithos,s224-225:46 - 60.

He Q,Xiao L,Balta B,et al. 2010. Variety and complexity of the Late - Permian Emeishan basalts: Reappraisal of plume - lithosphere interaction processes[J]. Lithos,119(119):91 - 107.

He Y S,Li S G,Hoefs J,et al. 2011. Post - collisional granitoids from the Dabie orogen: New evidence for partial melting of a thickened continental crust[J]. Geochimica Et Cosmochimica Acta,75(13):3815 - 3838.

He Y S,Li S G,Hoefs J. 2013. Sr - Nd - Pb isotopic compositions of Early Cretaceous granitoids from the Dabie orogen: Constraints on the recycled lower continental crust[J]. Lithos,156 - 159(2): 204 - 217.

Hermann J,Muntener O,Gunther D. 2001. Differentiation of mafic magma in a continental crust - to - mantle transition zone[J]. Journal of Petrology,42(1):189 - 206.

Hirose K. 1997. Melting experiments on lherzolite KLB - 1 under hydrous conditions and generation of high - magnesian andesitic melts[J]. Geology,25(1):42 - 44.

Hofmann A W. 1997. Mantle geochemistry: The message from oceanic volcanism[J]. Nature,385 (6613):219 - 229.

Huang F,Li S G,Dong F,et al. 2008. High - Mg adakitic rocks in the Dabie orogen,central China: Implications for foundering mechanism of lower continental crust[J]. Chemical Geology,255(1-2):1 - 13.

Huang F,Li S G,Dong F,et al. 2007. Recycling of deeply subducted continental crust in the Dabie Mountains,central China[J]. Lithos,96(1):151 - 169.

Jahn B M,Wu F Y,Lo C H,et al. 1999. Crust - mantle interaction induced by deep subduction of the continental crust: Geochemical and Sr - Nd isotopic evidence from post - collisional mafic - ultramafic intrusions of the northern Dabie complex,central China[J]. Chemical Geology,365(2-3):119 - 146.

Kerr A C. 1994. Lithospheric thinning during the evolution of continental large igneous provinces:A case study from the North Atlantic Tertiary Province[J]. Geology,22(22):1027 - 1030.

Krystopowicz N J,Currie C A. 2013. Crustal eclogitization and lithosphere delamination in orogens [J]. Earth and Planetary Science Letters,361(361):195 - 207.

Latourrette T,Hervig R L,Holloway J R. 1995. Trace - element partitioning between amphibole, phlogopite,and basanite melt[J]. Earth and Planetary Science Letters,135(1-4):13 - 30.

Li J, Xu J F, Suzuki K, et al. 2010. Os, Nd and Sr isotope and trace element geochemistry of the Muli picrites: Insights into the mantle source of the Emeishan Large Igneous Province[J]. Lithos, 119(1):108-122.

Li J W, Bi S J, Selby D, et al. 2012. Giant Mesozoic gold provinces related to the destruction of the North China craton[J]. Earth and Planetary Science Letters, 349-350(4):26-37.

Li S G, Nie Y H, Hart S R, et al. 1998. Interaction between subducted continental crust and the mantle[J]. Science in China Series D: Earth Sciences, 41(5):632-638.

Liu M, Shen Y Q. 1998. Sierra Nevada uplift: A ductile link to mantle upwelling under the basin and range province[J]. Geology, 26(4):299-302.

Liu Y C, Gu X F, Rolfo F, et al. 2011. Ultrahigh-pressure metamorphism and multistage exhumation of eclogite of the Luotian dome, North Dabie Complex Zone (central China): Evidence from mineral inclusions and decompression textures[J]. Journal of Asian Earth Sciences, 42(4):607-617.

Liu Y C, Deng L P, Gu X F, et al. 2015. Application of Ti-in-zircon and Zr-in-rutile thermometers to constrain high-temperature metamorphism in eclogites from the Dabie orogen, central China[J]. Gondwana Research, 27(1):410-423.

Liu Y S, Gao S, Hu Z C, et al. 2010. Continental and oceanic crust recycling-induced melt-peridotite interactions in the Trans-North China Orogen: U-Pb dating, Hf isotopes and trace elements in zircons from mantle xenoliths[J]. Journal of Petrology, 51(1-2):537-571.

Ma C Q, Ehlers C, Xu C H, et al. 2000. The roots of the Dabieshan ultrahigh-pressure metamorphic terrane: constraints from geochemistry and Nd-Sr isotope systematics[J]. Precambrian Research, 102(3):279-301.

Ma C Q, Li Z C, Ehlers C, et al. 1998. A post-collisional magmatic plumbing system: Mesozoic granitoid plutons from the Dabieshan high-pressure and ultrahigh-pressure metamorphic zone, east-central China[J]. Lithos, 45(1-4):431-456.

Marsh B D. 2002. On bimodal differentiation by solidification front instability in basaltic magmas, part 1: Basic mechanics[J]. Geochimica Et Cosmochimica Acta, 66(12):2211-2229.

Maruyama S, Liou J G, Zhang R. 1994. Tectonic evolution of the ultrahigh-pressure (UHP) and high-pressure (HP) metamorphic belts from central China[J]. Island Arc, 3(2):112-121.

Mckenzie D, O'Nions R K. 1991. Partial melt distributions from inversion of rare earth element concentrations[J]. Journal of Petrology, 32(5):1021-1091.

Menzies M, Xu Y G, Zhang H F, et al. 2007. Integration of geology, geophysics and geochemistry: A key to understanding the North China Craton[J]. Lithos, 96(1):1-21.

Morency C, Doin M P, Dumoulin C. 2002. Convective destabilization of a thickened continental lithosphere[J]. Earth and Planetary Science Letters, 202(2):303-320.

Nimis P, Ulmer P. 1998. Clinopyroxene geobarometry of magmatic rocks Part 1: An expanded structural geobarometer for anhydrous and hydrous, basic and ultrabasic systems[J]. Contributions to Mineralogy and Petrology, 133(1):122-135.

Niu Y L, Song S G. 2007. The origin, evolution and present state of continental lithosphere-Preface

[J]. Lithos, 96, Ⅸ-Ⅹ.

Poort J, Van der Beek P, Ter Voorde M. 1998. An integrated modelling study of the central and northern Baikal rift: evidence for non-uniform lithospheric thinning? [J]. Tectonophysics, 291(1): 101-122.

Reiners P W, Nelson B K, Ghiorso M S. 1995. Assimilation of felsic crust by basaltic magma-thermal limits and extents of crustal contamination of mantle-derived magmas[J]. Geology, 23(6): 563-566.

Riley T R, Leat P T, Kelley S P, et al. 2003. Thinning of the Antarctic Peninsula lithosphere through the Mesozoic: evidence from Middle Jurassic basaltic lavas[J]. Lithos, 67(3-4): 163-179.

Rudnick R L, McDonough W F, O'Connell R J. 1998. Thermal structure, thickness and composition of continental lithosphere[J]. Chemical Geology, 145(3-4): 395-411.

Smith D C. 2016. Ultrahigh-pressure metamorphic rocks in the Dabieshan-Sulu region of China [J]. Mineralogical Magazine, 62(4): 574-575.

Schmid R, Ryberg T, Ratschbacher L, et al. 2001. Crustal structure of the eastern Dabie Shan interpreted from deep reflection and shallow tomographic data[J]. Tectonophysics, 333(3-4): 347-359.

Schmidt M W. 1992. Amphibole composition in tonalite as a function of pressure-an experimental calibration of the Al-in-hornblende barometer[J]. Contributions to Mineralogy and Petrology, 110(2): 304-310.

Shaw J E, Baker J A, Menzies M A, et al. 2003. Petrogenesis of the largest intraplate volcanic field on the Arabian Plate (Jordan): a mixed lithosphere-asthenosphere source activated by lithospheric extension[J]. Journal of Petrology, 44(9): 1657-1679.

Shi Y H, Lin W, Ji W B, et al. 2014. The architecture of the HP-UHP Dabie massif: New insights from geothermobarometry of eclogites, and implication for the continental exhumation processes [J]. Journal of Asian Earth Sciences, 86(2): 38-58.

Sodoudi F, Yuan X, Liu Q, et al. 2006. Lithospheric thickness beneath the Dabie Shan, central eastern China from S receiver functions[J]. Geophysical Journal International, 166(3): 1363-1367.

Takahashi E, Kushiro I. 1983. Melting of a dry peridotite at high-pressures and basalt magma genesis[J]. American Mineralogist, 68(9-10): 859-879.

Tang Y J, Zhang H F, Santosh M, et al. 2013. Differential destruction of the North China Craton: A tectonic perspective[J]. Journal of Asian Earth Sciences, 78(12): 71-82.

Tappe S, Foley S F, Stracke A, et al. 2007. Craton reactivation on the Labrador Sea margins: $^{40}Ar/^{39}Ar$ age and Sr-Nd-Hf-Pb isotope constraints from alkaline and carbonatite intrusives[J]. Earth and Planetary Science Letters, 256: 433-454.

Thompson R N, Gibson S A. 1994. Magmatic expression of lithospheric thinning across continental rifts[J]. Tectonophysics, 233(1-2): 41-68.

Valera J L, Negredo A M, Jiménez-Munt I. 2011. Deep and near-surface consequences of root removal by asymmetric continental delamination[J]. Tectonophysics, 502(1-2): 257-265.

Vanderhaeghe O, Teyssier C. 2001. Crustal-scale rheological transitions during late-orogenic collapse[J]. Tectonophysics, 335(1): 211 - 228.

Villiger S, Ulmer P, Müntener O. 2007. Equilibrium and fractional crystallization experiments at 0.7GPa; the effect of pressure on phase relations and liquid compositions of tholeiitic magmas [J]. Journal of Petrology, 48(1): 159 - 184.

Wang C Y, Zeng R S, Mooney W D, et al. 2000. A crustal model of the ultrahigh - pressure Dabie Shan orogenic belt, China, derived from deep seismic refraction profiling[J]. Journal of Geophysical Research - Solid Earth, 105(B5): 10 857 - 10 869.

Wang Q, Wyman D A, Xu J F, et al. 2007. Early Cretaceous adakitic granites in the Northern Dabie Complex, central China: Implications for partial melting and delamination of thickened lower crust[J]. Geochimica Et Cosmochimica Acta, 71(10), 2609 - 2636.

Wang S J, Li S G, Chen L J, et al. 2013. Geochronology and geochemistry of leucosomes in the North Dabie Terrane, East China: implication for post - UHPM crustal melting during exhumation [J]. Contributions to Mineralogy and Petrology, 165(5): 1009 - 1029.

Wang X M, Liou J G, Maruyama S. 1992. Coesite - bearing eclogites from the Dabie Mountains, Central China: Petrogenesis, $P-T$ paths, and implications for regional tectonics[J]. The Journal of Geology, 100(2): 231 - 250.

Wang Y S, Xiang B W, Zhu G, et al. 2011. Structural and geochronological evidence for Early Cretaceous orogen - parallel extension of the ductile lithosphere in the northern Dabie orogenic belt, East China[J]. Journal of Structural Geology, 33(3): 362 - 380.

Wu F Y, Lin J Q, Wilde S A, et al. 2005. Nature and significance of the Early Cretaceous giant igneous event in easternChina[J]. Earth and Planetary Science Letters, 233(1): 103 - 119.

Xu C H, Zhou Z Y, Ma C Q, 2002. Geochronological constraints on 140—85 Ma thermal doming extension in the Dabie orogen, central China[J]. Science in China Series D: Earth Sciences, 45(9): 801 - 817.

Xu H J, Ma C Q, Song Y N, et al. 2012a. Early Cretaceous intermediate - mafic dykes in the Dabie orogen, eastern China: Petrogenesis and implications for crust - mantle interaction[J]. Lithos, 154(6): 83 - 99.

Xu H J, Ma C Q, Ye K. 2007. Early cretaceous granitoids and their implications for the collapse of the Dabie orogen, eastern China: SHRIMP zircon U - Pb dating and geochemistry[J]. Chemical Geology, 240(3-4): 238 - 259.

Xu H J, Ma C Q, Zhang J F. 2012b. Generation of Early Cretaceous high - Mg adakitic host and enclaves by magma mixing, Dabie orogen, Eastern China[J]. Lithos, 142 - 143, 182 - 200.

Xu H J, Ma C Q, Zhang J F, et al. 2013. Early Cretaceous low - Mg adakitic granites from the Dabie orogen, eastern China: Petrogenesis and implications for destruction of the over - thickened lower continental crust[J]. Gondwana Research, 23(1): 190 - 207.

Xu S T, Wu W P, Lu Y Q, et al. 2012c. Tectonic setting of the low - grade metamorphic rocks of the Dabie Orogen, central eastern China[J]. Journal of Structural Geology, 37(4): 134 - 149.

Xu W L, Gao S, Wang Q H, et al. 2006. Mesozoic crustal thickening of the eastern North China craton: Evidence from eclogite xenoliths and petrologic implications[J]. Geology, 34(9): 721 - 724.

Xu Y G, Huang X L, Ma J L, et al. 2004. Crust – mantle interaction during the tectono – thermal reactivation of the North China Craton: constraints from SHRIMP zircon U – Pb chronology and geochemistry of Mesozoic plutons from western Shandong[J]. Contributions to Mineralogy and Petrology, 147(6): 750 – 767.

Yang J H, Wu F Y, Wilde S A, et al. 2008. Mesozoic decratonization of the North China block[J]. Geology, 36(6): 467 – 470.

Zhang C, Ma C, Holtz F. 2010. Origin of high – Mg adakitic magmatic enclaves from the Meichuan pluton, southern Dabie orogen (central China): Implications for delamination of the lower continental crust and melt – mantle interaction[J]. Lithos, 119(3-4): 467 – 484.

Zhang H F, Sun M, Zhou M F, et al. 2004. Highly heterogeneous Late Mesozoic lithospheric mantle beneath the North China Craton: evidence from Sr – Nd – Pb isotopic systematics of mafic igneous rocks[J]. Geology Magazine, 141(1): 55 – 62.

Zhang R Y, Liou J G, Ernst W G. 2009. The Dabie – Sulu continental collision zone: A comprehensive review[J]. Gondwana Research, 16(1): 1 – 26.

Zhang Z J, Deng Y F, Chen L, et al. 2013. Seismic structure and rheology of the crust under mainland China[J]. Gondwana Research, 23(4): 1455 – 1483.

Zhao J H, Asimow P D. 2014. Neoproterozoic boninite – series rocks in South China: A depleted mantle source modified by sediment – derived melt[J]. Chemical Geology, 388, 98 – 111.

Zhao J H, Zhou M F, Zheng J P. 2010. Metasomatic mantle source and crustal contamination for the formation of the Neoproterozoic mafic dike swarm in the northern Yangtze Block, South China [J]. Lithos, 115(1): 177 – 189.

Zhao J H, Zhou M F, Zheng J P, e al. 2013. Neoproterozoic tonalite and trondhjemite in the Huangling complex, South China: Crustal growth and reworking in a continental arc environment[J]. American Journal of Science, 313(6): 540 – 583.

Zhao Z F, Zheng Y F, Wei C S, et al. 2011. Origin of postcollisional magmatic rocks in the Dabie orogen: Implications for crust – mantle interaction and crustal architecture[J]. Lithos, 126(1-2): 99 – 114.

Zheng J P, Griffin W L, O'Reilly S Y, et al. 2006a. Mineral chemistry of peridotites from Paleozoic, Mesozoic and Cenozoic lithosphere: Constraints on mantle evolution beneath eastern China[J]. Journal of Petrology, 47(11): 2233 – 2256.

Zheng Y F, Zhao Z F, Wu Y B, et al. 2006b. Zircon U – Pb age, Hf and O isotope constraints on protolith origin of ultrahigh – pressure eclogite and gneiss in the Dabie orogen[J]. Chemical Geology, 231(1-2): 135 – 158.